수학의 기본은 계산력, 정확성과 계산 속도를 높히는
《계산의 신》 시리즈

중도에 포기하는 학생은 있어도
끝까지 풀었을 때 신의 경지에 오르지 않는 학생은 없습니다!

꼭 있어야 할 교재, 최고의 교재를 만드는 '꿈을담는틀'에서
신개념 초등 계산력 교재 《계산의 신》을 한층 업그레이드 했습니다.

초등 수학은 마구잡이 공부보다 체계적 학습이 중요합니다.
KAIST 출신 수학 선생님들이 집필한 특별한 교재로
하루 10분씩 꾸준히 공부해 보세요.
어느 순간 계산의 신(神)의 경지에 올라 있을 것입니다.

부모님이 자녀에게, 선생님이 제자에게
이 교재를 선물해 주세요.

_____가   _____에게

왜? 계산력 교재는 〈**계산의 신**〉이 가장 좋은가?

1 요즘엔 초등 계산법 책이 너무 많아서
어떤 책을 골라야 할지 모르겠어요!

기존의 계산력 문제집은 대부분 저자가 '연구회 공동 집필'로 표기되어 있습니다. 반면 꿈을담는틀의 《계산의 신》은 KAIST 출신의 수학 선생님이 공동 저자로, 아이들을 직접 가르쳤던 경험을 담아 만든 '엄마, 아빠표 문제집'입니다. 수학 교육 분야의 뛰어난 전문성과 교육 경험을 두루 갖추고 있어 믿을 수 있습니다.

2 영어는 해외 연수를 가면 된다지만,
수학 공부는 대체 어떻게 해야 하죠?

영어 실력을 키우려고 해외 연수 다니는 것을 본 게 어제오늘 일이 아니죠? 반면 수학은 어떨까요? 수학에는 왕도가 없어요. 가장 중요한 건 매일 조금씩 꾸준히 연마하는 것뿐입니다.

《계산의 신》에 나오는 A와 B, 두 가지 유형의 문제를 풀면서 자연스럽게 수학의 기초를 닦아 보세요. 초등 계산법 완성을 향한 즐거운 도전을 시작할 수 있습니다.

다양한 유형을 꾸준하게 반복 학습!

3 아이들이 스스로 공부할 수 있는 교재인가요?

《계산의 신》은 아이들이 스스로 생각하고 계산할 수 있도록 구성되어 있습니다. 핵심 포인트를 보며 유형을 파악하고, 문제를 푼 후에 스스로 자신의 풀이를 평가할 수 있습니다. 부담 없는 분량, 친절한 설명과 예시, 두 가지 유형 반복 학습과 실력 진단 평가는 아이들이 교사나 부모님에게 기대지 않고, 스스로 학습하는 힘을 길러 줄 것입니다.

이해하고 풀고 복습하고!

혼자서도 잘해요!

4 정확하게 푸는 게 중요한가요, 빠르게 푸는 게 중요한가요?

물론 속도를 무시할 순 없습니다. 그러나 그에 앞서 선행되어야 하는 것이 바로 '정확성'입니다.

정확하게 이해하는 게 우선!

《계산의 신》은 예시와 함께 해당 연산의 핵심 포인트를 짚어 주며 문제를 정확하게 이해할 수 있도록 도와줍니다. '스스로 학습 관리표'는 문제 풀이 속도를 높이는 데에 동기부여가 될 것입니다. 《계산의 신》과 함께 정확성과 속도, 두 마리 토끼를 모두 잡아 보세요.

5 학교 성적에 도움이 될까요?
수학 교과서와 친해질 수 있나요?

재미와 속도, 정확성 모두 중요하지만 무엇보다 '학교 성적'에 얼마나 도움이 되느냐가 가장 중요하겠지요? 《계산의 신》은 최신 교육 과정을 100% 반영한 단계별 학습으로 구성되어 있습니다. 따라서 《계산의 신》을 꾸준히 학습하면 자연스럽게 '수학 교과서'와 친해져 학교 성적이 올라 갈 것입니다.

교과서 정복!

6 문제를 다 풀어 놓고도
아이가 자꾸 기억이 안 난다고 해요.

《계산의 신》에는 두 가지 유형 반복 학습 외에도 세 단계마다 자신이 푼 문제를 복습하는 '세 단계 묶어 풀기'가 있고, 마지막에는 교재 전체 내용을 한 번 더 복습할 수 있는 '전체 묶어 풀기'가 있습니다. 풀었던 문제들을 다시 묶어서 풀며, 예전에 학습했던 계산 문제들을 완전히 자신의 것으로 만들 수 있습니다.

풀었던 유형
묶어서 다시 풀자!

KAIST 출신 수학 선생님들이 집필한

계산의 신 神

송명진·박종하 지음

11 초등
6학년 1학기

분수와 소수의 나눗셈 기본

권별 학습 구성

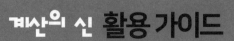

1 매일 자신의 **학습을 체크**해 보세요.

매일 문제를 풀면서 맞힌 개수를 적고, 걸린 시간 만큼 '스스로 학습 관리표'에 색칠해 보세요. 하루하루 지날 수록 실력이 자라고, 계산 속도가 빨라지는 것을 눈으로 확인할 수 있습니다.

2 개념과 연산 과정을 이해하세요.

개념을 이해하고 예시를 통해 연산 과정을 확인하면 계 산 과정에서 실수를 줄일 수 있어요. 또 아이의 학습을 도와주시는 선생님 또는 부모님을 위해 '지도 도우미'를 제시하였습니다.

3 매일 2쪽씩 **꾸준히 반복 학습**해 보세요.

매일 2쪽씩 5일 동안 차근차근 반 복 학습하다 보면 어려운 문제도 두려움 없이 도전할 수 있습니다. 문제를 풀다가 계산 방법을 모를 때는 '개념 포인트'를 다시 한 번 학습한 후 풀어 보세요.

4 세 단계마다 또는 전체를 **묶어 복습**해 보세요.

시간이 지나면 아이들은 학습했던 내용을 곧잘 잊어버리는 경향이 있어요. 그래서 세 단계마다 '묶어 풀기', 마지막에는 '전체 묶어 풀기'를 통해 학습했던 내용을 다시 복습할 수 있습니다.

5 즐거운 **수학이야기**와 **수학퀴즈** 함께 해요!

묶어 풀기가 끝나면 '재미있는 수학이야기'와 '수학퀴즈'가 기다리고 있어요. 흥미로운 수학이야기와 수학퀴즈는 좌뇌와 우뇌를 고루 발달시켜 주고, 창의성을 키워준답니다.

6 아이의 **학습 성취도**를 점검해 보세요.

권두부록으로 제시된 '실력 진단 평가'로 아이의 학습 성취도를 점검할 수 있어요. 각 단계별로 2회씩 총 20회가 제공됩니다.

차 례

11권

매일 2쪽씩 풀며
계산의 신이 되자!

《계산의 신》은 초등학교 1학년부터 6학년 과정까지 총 120단계로 구성되어 있습니다.

매일 2쪽씩 꾸준히 반복 학습을 하면 탄탄한 계산력을 기를 수 있습니다.

더불어 복습할 수 있는 '묶어 풀기'가 있고, 지친 마음을 헤아려 주는

'재미있는 수학이야기'와 '수학퀴즈'가 있습니다.

꿈을담는틀의 《계산의 신》이 준비한 길로 들어오실 준비가 되셨나요?

그 길을 따라 걸으며 문제를 풀고 이야기를 듣다 보면

어느새 계산의 신이 되어 있을 거예요!

★★★★

구성과 일러스트가 인상적!

★★★★★

초등 수학은 이 책이면 끝!

분수의 나눗셈(1)

정확하게 이해하면
속도도 빨라질 수 있어!

◆스스로 학습 관리표◆

• 매일 맞힌 개수를 적고, 걸린 시간만큼 색칠해 보세요.
  (눈금 1칸은 1분이며, 초는 표의 상단에 적으세요.)

• 하루하루 지날수록 실력이 자라고, 계산 속도가
  빨라지는 것을 눈으로 직접 확인할 수 있습니다.

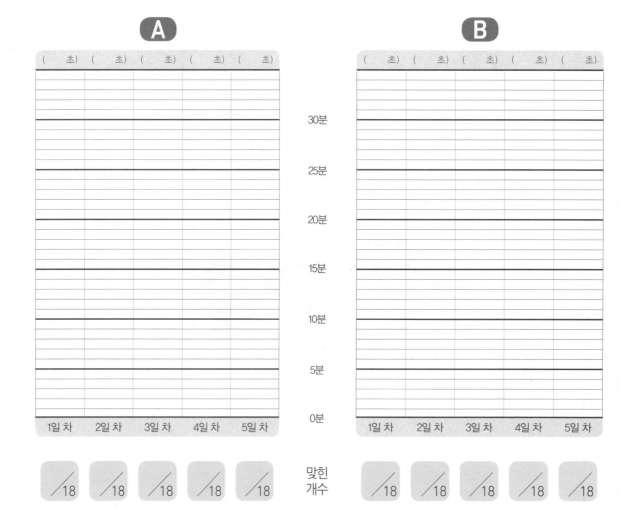

앞으로 분수나 소수에서 나눗셈을 할 때 나눗셈을 곱셈으로 고쳐서 계산하는 방법을 사용합니다. 이때 ÷를 ×로 고친 후 나누는 수가 분모에 오도록 분수로 고쳐줍니다.

1÷(자연수)의 몫을 분수로 나타내기

① $1 \div 3 = 1 \times \frac{1}{3}$ 입니다.   ② 1은 3의 $\frac{1}{3}$입니다.

③ $1 \div 3$의 몫은 $\frac{1}{3}$입니다. ➡ $1 \div 3 = \frac{1}{3}$

(자연수)÷(자연수)의 몫을 분수로 나타내기

① $3 \div 5 = 3 \times \frac{1}{5}$ 입니다.   ② 3은 5의 $\frac{3}{5}$입니다.

③ $3 \div 5$의 몫은 $\frac{3}{5}$입니다. ➡ $3 \div 5 = \frac{3}{5}$

예시

1÷(자연수)의 몫을 분수로 나타내기

$$1 \div 7 = 1 \times \frac{1}{7} = \frac{1}{7}$$

(자연수)÷(자연수)의 몫을 분수로 나타내기

$$2 \div 3 = 2 \times \frac{1}{3} = \frac{2}{3}$$

÷를 ×로 고쳐서 계산하는 습관을 들이자.

지도 도우미

앞으로 우리 학생들은 분수의 나눗셈을 할 때 ÷를 ×로 고쳐서 계산하는 방법을 이용할 겁니다. 이번 단계에서는 그러한 분수의 나눗셈을 하기 위한 기본 과정을 익히고 배워봅니다. 특히 ÷를 ×로 고친 후 반드시 나누는 수가 분모에 오는 분수로 고쳐도록 지도해주세요.

÷를 ×로
고치는 연습을
해봐

1일차 **A**형

✎ 나눗셈을 곱셈으로 나타내세요.

① 3÷4=

② 6÷7=

③ 8÷11=

④ 6÷17=

⑤ 7÷13=

⑥ 5÷9=

⑦ 4÷15=

⑧ 2÷7=

⑨ 5÷14=

⑩ 3÷20=

⑪ 8÷3=

⑫ 6÷5=

⑬ 13÷11=

⑭ 9÷4=

⑮ 10÷13=

⑯ 12÷7=

⑰ 25÷13=

⑱ 16÷9=

자기 점수에 ○표 하세요

맞힌 개수	10개 이하	11~14개	15~16개	17~18개
학습 방법	개념을 다시 공부하세요.	조금 더 노력 하세요.	실수하면 안 돼요.	참 잘했어요.

10 계산의 신 11권

분수의 나눗셈(1)

월 일
분 초
/18

정답 2쪽

÷를 ×로 고치면
나누는 수는 어떻게
될까?

✏️ 나눗셈의 몫을 기약분수로 나타내세요.

① $4 \div 11 =$

② $7 \div 15 =$

③ $6 \div 8 =$

④ $3 \div 9 =$

⑤ $9 \div 15 =$

⑥ $9 \div 26 =$

⑦ $12 \div 19 =$

⑧ $6 \div 14 =$

⑨ $10 \div 12 =$

⑩ $8 \div 13 =$

⑪ $9 \div 5 =$

⑫ $12 \div 8 =$

⑬ $14 \div 9 =$

⑭ $16 \div 5 =$

⑮ $23 \div 6 =$

⑯ $13 \div 4 =$

⑰ $17 \div 11 =$

⑱ $15 \div 13 =$

자기 점수에 ○표 하세요

맞힌 개수	10개 이하	11~14개	15~16개	17~18개
학습 방법	개념을 다시 공부하세요.	조금 더 노력 하세요.	실수하면 안 돼요.	참 잘했어요.

101단계 **11**

분수의 나눗셈(1)

월 일
분 초
/18

맞힌 개수 | 10개 이하 | 11~14개 | 15~16개 | 17~18개
학습 방법 | 개념을 다시 공부하세요. | 조금 더 노력 하세요. | 실수하면 안 돼요. | 참 잘했어요.

✏️ 나눗셈을 곱셈으로 나타내세요.

① 7÷8=

② 4÷13=

③ 5÷12=

④ 8÷21=

⑤ 9÷14=

⑥ 6÷11=

⑦ 3÷14=

⑧ 2÷25=

⑨ 9÷19=

⑩ 8÷5=

⑪ 16÷5=

⑫ 12÷7=

⑬ 11÷4=

⑭ 19÷9=

⑮ 10÷3=

⑯ 13÷7=

⑰ 24÷17=

⑱ 31÷15=

자기 점수에 ○표 하세요

✏️ 나눗셈의 몫을 기약분수로 나타내세요.

① 5÷12=

② 9÷14=

③ 4÷6=

④ 13÷16=

⑤ 7÷21=

⑥ 5÷25=

⑦ 12÷20=

⑧ 8÷18=

⑨ 14÷16=

⑩ 15÷6=

⑪ 19÷3=

⑫ 14÷4=

⑬ 16÷10=

⑭ 21÷6=

⑮ 24÷7=

⑯ 19÷9=

⑰ 32÷12=

⑱ 18÷8=

자기 점수에 ○표 하세요

맞힌 개수	10개 이하	11~14개	15~16개	17~18개
학습 방법	개념을 다시 공부하세요.	조금 더 노력 하세요.	실수하면 안 돼요.	참 잘했어요.

101단계 13

분수의 나눗셈(1)

맞힌 개수	학습 방법
개념을 다시 공부하세요.	조금 더 노력 하세요.	실수하면 안 돼요.	참 잘했어요

✎ 나눗셈을 곱셈으로 나타내세요.

① 9÷15=

② 2÷15=

③ 6÷13=

④ 9÷22=

⑤ 5÷8=

⑥ 16÷31=

⑦ 13÷15=

⑧ 9÷12=

⑨ 8÷17=

⑩ 15÷2=

⑪ 13÷7=

⑫ 11÷10=

⑬ 14÷9=

⑭ 29÷15=

⑮ 16÷3=

⑯ 32÷17=

⑰ 15÷13=

⑱ 26÷5=

자기 점수에 ○표 하세요

맞힌 개수	10개 이하	11~14개	15~16개	17~18개
학습 방법	개념을 다시 공부하세요.	조금 더 노력 하세요.	실수하면 안 돼요.	참 잘했어요

✏️ 나눗셈의 몫을 기약분수로 나타내세요.

① $15 \div 16 =$

② $6 \div 17 =$

③ $3 \div 11 =$

④ $9 \div 16 =$

⑤ $5 \div 13 =$

⑥ $4 \div 9 =$

⑦ $8 \div 20 =$

⑧ $14 \div 20 =$

⑨ $15 \div 40 =$

⑩ $7 \div 2 =$

⑪ $13 \div 4 =$

⑫ $18 \div 15 =$

⑬ $10 \div 4 =$

⑭ $16 \div 12 =$

⑮ $18 \div 12 =$

⑯ $32 \div 10 =$

⑰ $22 \div 19 =$

⑱ $33 \div 17 =$

자기 점수에 ○표 하세요

맞힌 개수	10개 이하	11~14개	15~16개	17~18개
학습 방법	개념을 다시 공부하세요.	조금 더 노력 하세요.	실수하면 안 돼요.	참 잘했어요.

분수의 나눗셈(1)

✏️ 나눗셈을 곱셈으로 나타내세요.

① 7÷9=

② 3÷14=

③ 9÷23=

④ 5÷12=

⑤ 15÷28=

⑥ 11÷21=

⑦ 17÷25=

⑧ 16÷19=

⑨ 24÷43=

⑩ 17÷5=

⑪ 14÷5=

⑫ 23÷12=

⑬ 29÷16=

⑭ 32÷11=

⑮ 15÷13=

⑯ 27÷8=

⑰ 16÷3=

⑱ 36÷15=

자기 점수에 ○표 하세요

맞힌 개수	10개 이하	11~14개	15~16개	17~18개
학습 방법	개념을 다시 공부하세요.	조금 더 노력 하세요.	실수하면 안 돼요.	참 잘했어요.

✏️ 나눗셈의 몫을 기약분수로 나타내세요.

① 8÷21 =

② 5÷11 =

③ 6÷15 =

④ 8÷22 =

⑤ 7÷19 =

⑥ 14÷26 =

⑦ 20÷25 =

⑧ 16÷28 =

⑨ 15÷22 =

⑩ 27÷15 =

⑪ 12÷10 =

⑫ 16÷12 =

⑬ 30÷4 =

⑭ 26÷16 =

⑮ 16÷11 =

⑯ 33÷15 =

⑰ 32÷29 =

⑱ 24÷16 =

자기 점수에 ○표 하세요

맞힌 개수	10개 이하	11~14개	15~16개	17~18개
학습 방법	개념을 다시 공부하세요	조금 더 노력 하세요.	실수하면 안 돼요.	참 잘했어요.

학습 방법 | 개념을 다시 공부하세요 | 조금 더 노력 하세요. | 실수하면 안 돼요. | 참 잘했어요.

✎ 나눗셈을 곱셈으로 나타내세요.

① 17÷19=

② 13÷18=

③ 5÷12=

④ 7÷15=

⑤ 6÷17=

⑥ 13÷17=

⑦ 15÷26=

⑧ 11÷15=

⑨ 22÷23=

⑩ 27÷8=

⑪ 16÷7=

⑫ 13÷3=

⑬ 30÷11=

⑭ 31÷16=

⑮ 17÷12=

⑯ 37÷25=

⑰ 14÷9=

⑱ 26÷11=

자기 점수에 ○표 하세요

맞힌 개수	10개 이하	11~14개	15~16개	17~18개
학습 방법	개념을 다시 공부하세요	조금 더 노력 하세요.	실수하면 안 돼요.	참 잘했어요.

분수의 나눗셈(1)

월   일
분   초
/18

✎ 정답 6쪽

✎ 나눗셈의 몫을 기약분수로 나타내세요.

① 7÷20=

② 15÷21=

③ 16÷30=

④ 6÷19=

⑤ 8÷14=

⑥ 12÷31=

⑦ 24÷26=

⑧ 15÷27=

⑨ 12÷25=

⑩ 24÷18=

⑪ 17÷9=

⑫ 13÷10=

⑬ 32÷6=

⑭ 23÷14=

⑮ 27÷15=

⑯ 36÷24=

⑰ 30÷17=

⑱ 26÷8=

자기 점수에 ○표 하세요

맞힌 개수	10개 이하	11~14개	15~16개	17~18개
학습 방법	개념을 다시 공부하세요	조금 더 노력 하세요	실수하면 안 돼요	참 잘했어요

101단계 **19**

분수의 나눗셈(2)

102단계

정확하게 이해하면
속도도 빨라질 수 있어!

- 매일 맞힌 개수를 적고, 걸린 시간만큼 색칠해 보세요.
  (눈금 1칸은 1분이며, 초는 표의 상단에 적으세요.)
- 하루하루 지날수록 실력이 자라고, 계산 속도가
  빨라지는 것을 눈으로 직접 확인할 수 있습니다.

(진분수) ÷ (자연수), (가분수) ÷ (자연수)

(1) (분수) ÷ (자연수)는 (분수) × $\dfrac{1}{(자연수)}$ 로 바꿉니다.

(2) 약분할 것이 있으면 약분을 합니다.

(3) 분모는 분모끼리, 분자는 분자끼리 곱합니다.

$$\frac{2}{3} \div 4 = \frac{\overset{1}{\cancel{2}}}{3} \times \frac{1}{\underset{2}{\cancel{4}}} = \frac{1}{6}$$

(대분수) ÷ (자연수)

대분수를 가분수로 고친 다음, $\dfrac{1}{(자연수)}$ 을 곱해 줍니다.

예시

분수와 자연수의 나눗셈

$$\frac{20}{3} \div 15 = \frac{\overset{4}{\cancel{20}}}{3} \times \frac{1}{\underset{3}{\cancel{15}}} = \frac{4}{9}$$

$$2\frac{1}{7} \div 5 = \frac{\overset{3}{\cancel{15}}}{7} \times \frac{1}{\underset{1}{\cancel{5}}} = \frac{3}{7}$$

대분수는 가분수로
고친 다음 계산해.

지도
도우미

이 단계를 통해 분수를 자연수로 나눈 값은 $\dfrac{1}{(자연수)}$ 을 곱한 값과 같다는 것을 배웁니다. 단순히 연산 규칙 하나를 배우는 것 같지만, 이 규칙은 중등 과정에서 나눗셈과 역수의 곱이 같다는 것을 알려 주기 위해 미리 준비하는 단계입니다. 모든 분수의 계산에서 곱하기 전에 미리 약분하는 것, 계산 결과는 항상 기약분수로 나타내야 하고, 가분수는 대분수로 나타내야 하는 것을 잊지 않도록 지도해 주세요.

분수의 나눗셈(2)

자연수로 나누기는 $\dfrac{1}{(\text{자연수})}$ 을 곱하는 것과 같아!

✎ 다음을 계산하여 기약분수로 나타내세요.

① $\dfrac{2}{5} \div 7 =$

② $\dfrac{2}{5} \div 3 =$

③ $\dfrac{5}{6} \div 4 =$

④ $\dfrac{3}{5} \div 2 =$

⑤ $\dfrac{4}{7} \div 8 =$

⑥ $\dfrac{5}{12} \div 5 =$

⑦ $\dfrac{12}{7} \div 9 =$

⑧ $\dfrac{8}{9} \div 12 =$

⑨ $\dfrac{4}{13} \div 2 =$

⑩ $\dfrac{9}{5} \div 6 =$

⑪ $\dfrac{21}{8} \div 7 =$

⑫ $\dfrac{16}{7} \div 4 =$

⑬ $\dfrac{49}{20} \div 14 =$

⑭ $\dfrac{21}{16} \div 15 =$

⑮ $\dfrac{16}{25} \div 10 =$

⑯ $\dfrac{13}{12} \div 52 =$

자기 점수에 ○표 하세요

맞힌 개수	8개 이하	9~12개	13~14개	15~16개
학습 방법	개념을 다시 공부하세요.	조금 더 노력 하세요.	실수하면 안 돼요.	참 잘했어요.

분수의 나눗셈(2)

✎ 다음을 계산하여 기약분수로 나타내세요.

❶ $4\frac{1}{2} \div 6 =$

❷ $2\frac{1}{6} \div 5 =$

❸ $5\frac{1}{8} \div 7 =$

❹ $4\frac{1}{4} \div 5 =$

❺ $2\frac{3}{5} \div 8 =$

❻ $6\frac{3}{5} \div 11 =$

❼ $5\frac{1}{3} \div 4 =$

❽ $4\frac{2}{7} \div 6 =$

❾ $6\frac{3}{4} \div 9 =$

❿ $1\frac{1}{17} \div 6 =$

⓫ $2\frac{6}{17} \div 15 =$

⓬ $5\frac{5}{8} \div 18 =$

⓭ $2\frac{4}{25} \div 18 =$

⓮ $2\frac{9}{20} \div 14 =$

⓯ $4\frac{2}{5} \div 11 =$

⓰ $3\frac{1}{9} \div 7 =$

자기 점수에 ○표 하세요

맞힌 개수	8개 이하	9~12개	13~14개	15~16개
학습 방법	개념을 다시 공부하세요	조금 더 노력 하세요	실수하면 안 돼요	참 잘했어요

102단계 **23**

맞힌 개수	8개 이하	9~12개	13~14개	15~16개

✎ 다음을 계산하여 기약분수로 나타내세요.

① $\dfrac{3}{8} \div 9 =$

② $\dfrac{9}{13} \div 9 =$

③ $\dfrac{5}{7} \div 10 =$

④ $\dfrac{3}{8} \div 3 =$

⑤ $\dfrac{4}{9} \div 12 =$

⑥ $\dfrac{5}{12} \div 10 =$

⑦ $\dfrac{12}{19} \div 15 =$

⑧ $\dfrac{8}{9} \div 6 =$

⑨ $\dfrac{8}{13} \div 10 =$

⑩ $\dfrac{9}{5} \div 12 =$

⑪ $\dfrac{21}{8} \div 28 =$

⑫ $\dfrac{16}{7} \div 6 =$

⑬ $\dfrac{49}{20} \div 21 =$

⑭ $\dfrac{21}{16} \div 35 =$

⑮ $\dfrac{16}{25} \div 12 =$

⑯ $\dfrac{13}{12} \div 26 =$

자기 점수에 ○표 하세요

맞힌 개수	8개 이하	9~12개	13~14개	15~16개
학습 방법	개념을 다시 공부하세요	조금 더 노력 하세요	실수하면 안 돼요	참 잘했어요

분수의 나눗셈(2)

✏️ 다음을 계산하여 기약분수로 나타내세요.

① $4\frac{7}{10} \div 6 =$

② $2\frac{2}{5} \div 15 =$

③ $2\frac{1}{2} \div 9 =$

④ $2\frac{11}{19} \div 10 =$

⑤ $3\frac{5}{8} \div 12 =$

⑥ $2\frac{6}{7} \div 20 =$

⑦ $1\frac{2}{19} \div 7 =$

⑧ $5\frac{8}{11} \div 6 =$

⑨ $3\frac{3}{10} \div 6 =$

⑩ $2\frac{3}{14} \div 6 =$

⑪ $4\frac{3}{5} \div 15 =$

⑫ $2\frac{1}{7} \div 9 =$

⑬ $3\frac{6}{7} \div 9 =$

⑭ $1\frac{11}{14} \div 5 =$

⑮ $4\frac{4}{9} \div 20 =$

⑯ $8\frac{2}{5} \div 14 =$

자기 점수에 ○표 하세요

맞힌 개수	8개 이하	9~12개	13~14개	15~16개
학습 방법	개념을 다시 공부하세요.	조금 더 노력 하세요.	실수하면 안 돼요.	참 잘했어요.

분수의 나눗셈(2)

✎ 다음을 계산하여 기약분수로 나타내세요.

① $\dfrac{6}{13} \div 8 =$

② $\dfrac{8}{9} \div 18 =$

③ $\dfrac{15}{17} \div 18 =$

④ $\dfrac{15}{19} \div 10 =$

⑤ $\dfrac{17}{37} \div 68 =$

⑥ $\dfrac{13}{15} \div 5 =$

⑦ $\dfrac{32}{9} \div 6 =$

⑧ $\dfrac{36}{17} \div 7 =$

⑨ $\dfrac{45}{8} \div 16 =$

⑩ $\dfrac{21}{20} \div 14 =$

⑪ $\dfrac{27}{8} \div 2 =$

⑫ $\dfrac{51}{13} \div 6 =$

⑬ $\dfrac{25}{6} \div 10 =$

⑭ $\dfrac{4}{3} \div 10 =$

⑮ $\dfrac{34}{11} \div 51 =$

⑯ $\dfrac{14}{17} \div 6 =$

자기 점수에 ○표 하세요

맞힌 개수	8개 이하	9~12개	13~14개	15~16개
학습 방법	개념을 다시 공부하세요.	조금 더 노력 하세요.	실수하면 안 돼요.	참 잘했어요.

✏️ 다음을 계산하여 기약분수로 나타내세요.

① $1\dfrac{4}{17} \div 9 =$

② $5\dfrac{2}{7} \div 16 =$

③ $3\dfrac{1}{6} \div 16 =$

④ $4\dfrac{1}{4} \div 5 =$

⑤ $2\dfrac{3}{5} \div 8 =$

⑥ $3\dfrac{3}{4} \div 16 =$

⑦ $3\dfrac{7}{19} \div 15 =$

⑧ $3\dfrac{7}{16} \div 15 =$

⑨ $3\dfrac{8}{17} \div 2 =$

⑩ $1\dfrac{4}{9} \div 15 =$

⑪ $4\dfrac{3}{8} \div 20 =$

⑫ $5\dfrac{3}{5} \div 5 =$

⑬ $2\dfrac{1}{15} \div 6 =$

⑭ $3\dfrac{4}{5} \div 12 =$

⑮ $3\dfrac{2}{3} \div 20 =$

⑯ $2\dfrac{1}{7} \div 18 =$

자기 점수에 ○표 하세요

맞힌 개수	8개 이하	9~12개	13~14개	15~16개
학습 방법	개념을 다시 공부하세요.	조금 더 노력 하세요.	실수하면 안 돼요.	참 잘했어요.

102단계 27

분수의 나눗셈(2)

✎ 다음을 계산하여 기약분수로 나타내세요.

① $\frac{3}{5} \div 7 =$

② $\frac{6}{7} \div 8 =$

③ $\frac{4}{13} \div 20 =$

④ $\frac{4}{17} \div 2 =$

⑤ $\frac{15}{26} \div 5 =$

⑥ $\frac{13}{18} \div 4 =$

⑦ $\frac{17}{7} \div 16 =$

⑧ $\frac{73}{20} \div 16 =$

⑨ $\frac{32}{9} \div 6 =$

⑩ $\frac{16}{5} \div 20 =$

⑪ $\frac{9}{10} \div 6 =$

⑫ $\frac{13}{12} \div 8 =$

⑬ $\frac{8}{15} \div 12 =$

⑭ $\frac{24}{35} \div 30 =$

⑮ $\frac{25}{14} \div 35 =$

⑯ $\frac{25}{6} \div 45 =$

자기 점수에 ○표 하세요

맞힌 개수	8개 이하	9~12개	13~14개	15~16개
학습 방법	개념을 다시 공부하세요.	조금 더 노력 하세요.	실수하면 안 돼요.	참 잘했어요

분수의 나눗셈 (2)

월 일
분 초
/16

정답 10쪽

✎ 다음을 계산하여 기약분수로 나타내세요.

① $1\frac{3}{4} \div 18 =$

② $1\frac{15}{17} \div 5 =$

③ $4\frac{5}{12} \div 3 =$

④ $1\frac{2}{5} \div 5 =$

⑤ $3\frac{5}{8} \div 7 =$

⑥ $4\frac{3}{4} \div 9 =$

⑦ $1\frac{1}{8} \div 72 =$

⑧ $2\frac{7}{10} \div 12 =$

⑨ $3\frac{8}{9} \div 10 =$

⑩ $2\frac{1}{8} \div 2 =$

⑪ $1\frac{11}{25} \div 15 =$

⑫ $3\frac{9}{10} \div 26 =$

⑬ $3\frac{3}{11} \div 30 =$

⑭ $1\frac{1}{12} \div 4 =$

⑮ $1\frac{1}{17} \div 12 =$

⑯ $2\frac{6}{7} \div 8 =$

자기 점수에 ○표 하세요

맞힌 개수	8개 이하	9~12개	13~14개	15~16개
학습 방법	개념을 다시 공부하세요.	조금 더 노력 하세요.	실수하면 안 돼요.	참 잘했어요.

102단계 **29**

분수의 나눗셈(2)

✏️ 다음을 계산하여 기약분수로 나타내세요.

① $\frac{19}{20} \div 76 =$

② $\frac{3}{8} \div 4 =$

③ $\frac{8}{15} \div 24 =$

④ $\frac{12}{17} \div 4 =$

⑤ $\frac{12}{25} \div 10 =$

⑥ $\frac{5}{9} \div 15 =$

⑦ $\frac{9}{13} \div 6 =$

⑧ $\frac{19}{24} \div 3 =$

⑨ $\frac{7}{18} \div 5 =$

⑩ $\frac{12}{25} \div 8 =$

⑪ $\frac{29}{13} \div 7 =$

⑫ $\frac{53}{14} \div 18 =$

⑬ $\frac{33}{20} \div 6 =$

⑭ $\frac{25}{7} \div 15 =$

⑮ $\frac{26}{8} \div 91 =$

⑯ $\frac{22}{9} \div 121 =$

자기 점수에 ○표 하세요

맞힌 개수	8개 이하	9~12개	13~14개	15~16개
학습 방법	개념을 다시 공부하세요.	조금 더 노력 하세요.	실수하면 안 돼요.	참 잘했어요.

30 계산의 신 11권

분수의 나눗셈(2)

🖊 다음을 계산하여 기약분수로 나타내세요.

① $2\dfrac{9}{13} \div 15 =$

② $2\dfrac{2}{7} \div 16 =$

③ $5\dfrac{2}{11} \div 2 =$

④ $2\dfrac{4}{5} \div 16 =$

⑤ $5\dfrac{9}{20} \div 12 =$

⑥ $5\dfrac{6}{7} \div 2 =$

⑦ $2\dfrac{1}{5} \div 16 =$

⑧ $4\dfrac{1}{3} \div 20 =$

⑨ $1\dfrac{6}{13} \div 12 =$

⑩ $3\dfrac{4}{7} \div 18 =$

⑪ $1\dfrac{9}{17} \div 12 =$

⑫ $2\dfrac{13}{16} \div 27 =$

⑬ $8\dfrac{9}{20} \div 3 =$

⑭ $4\dfrac{9}{10} \div 28 =$

⑮ $5\dfrac{2}{3} \div 7 =$

⑯ $4\dfrac{3}{4} \div 3 =$

자기 점수에 ○표 하세요

맞힌 개수	8개 이하	9~12개	13~14개	15~16개
학습 방법	개념을 다시 공부하세요.	조금 더 노력 하세요.	실수하면 안 돼요.	참 잘했어요.

102단계 **31**

소수의 나눗셈(1)

103 단계

◆스스로 학습 관리표◆

• 매일 맞힌 개수를 적고, 걸린 시간만큼 색칠해 보세요.
  (눈금 1칸은 1분이며, 초는 표의 상단에 적으세요.)

• 하루하루 지날수록 실력이 자라고, 계산 속도가
  빨라지는 것을 눈으로 직접 확인할 수 있습니다.

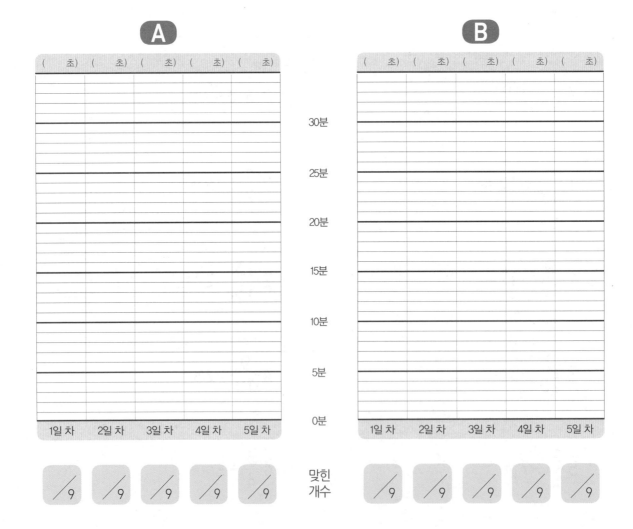

A

(초)	(초)	(초)	(초)	(초)

B

(초)	(초)	(초)	(초)	(초)

30분
25분
20분
15분
10분
5분
0분

1일 차 2일 차 3일 차 4일 차 5일 차

맞힌 개수

/9 /9 /9 /9 /9

/9 /9 /9 /9 /9

몫이 소수점 아래 한 자리 수인 (소수)÷(자연수)

소수를 자연수로 나눌 때, 자연수의 나눗셈과 같이
계산한 다음, 몫의 소수점을 찍어주면 됩니다. 몫의
소수점은 나누어지는 소수의 소수점 자리에 맞춰 찍
어주면 됩니다.

$$
\begin{array}{r}
1\ 3 \\
4\,\overline{)\,5\ 2} \\
4 \\
\hline
1\ 2 \\
1\ 2 \\
\hline
0
\end{array}
\quad\Rightarrow\quad
\begin{array}{r}
1.\ 3 \\
4\,\overline{)\,5.\ 2} \\
4 \\
\hline
1\ 2 \\
1\ 2 \\
\hline
0
\end{array}
$$

예시

세로셈
$$
\begin{array}{r}
1.\ 5 \\
5\,\overline{)\,7.\ 5} \\
5 \\
\hline
2\ 5 \\
2\ 5 \\
\hline
0
\end{array}
$$

가로셈
$7.5 \div 5$
$$
\begin{array}{r}
1.\ 5 \\
5\,\overline{)\,7.\ 5} \\
5 \\
\hline
2\ 5 \\
2\ 5 \\
\hline
0
\end{array}
$$

이번 단계부터는 소수와 자연수의 나눗셈을 차근차근 공부해봅니다. 기본적으로 소수와 자연수의
나눗셈은 자연수끼리의 나눗셈과 같은 방법으로 계산하면 됩니다. 이때 아이들이 나눗셈을 하는 부
분은 실수 없이 계산을 잘하지만, 소수점의 위치를 바르게 잡지 못하는 경우가 많습니다. 나누어지
는 수의 소수점 위치가 몫의 소수점 위치가 된다는 것을 알려 주세요.

지도
도우미

1일차 A형

자연수의 나눗셈처럼
계산해봐.

✎ 다음 나눗셈을 완전히 나누어 떨어질 때까지 계산하세요.

❶

$$3\,)\,5.\,1$$

❷

$$3\,)\,3.\,9$$

❸

$$4\,)\,9.\,6$$

❹

$$6\,)\,1\,1.\,4$$

❺

$$8\,)\,2\,8.\,8$$

❻

$$7\,)\,3\,0.\,1$$

❼

$$3\,)\,6\,3.\,9$$

❽

$$5\,)\,6\,2.\,5$$

❾

$$4\,)\,6\,2.\,4$$

자기 점수에 ○표 하세요

맞힌 개수	4개 이하	5~6개	7~8개	9개
학습 방법	개념을 다시 공부하세요.	조금 더 노력 하세요.	실수하면 안 돼요.	참 잘했어요.

소수의 나눗셈(1)

몫의 소수점 위치는 나누어지는 수의 소수점 위치와 같아.

🔖 정답 12쪽

✏️ 다음 나눗셈을 완전히 나누어 떨어질 때까지 계산하세요.

❶ 5.6÷4

❷ 6.8÷2

❸ 7.2÷3

❹ 16.1÷7

❺ 25.2÷6

❻ 47.7÷9

❼ 86.4÷4

❽ 194.4÷6

❾ 15.6÷12

자기 점수에 ○표 하세요

맞힌 개수	4개 이하	5~6개	7~8개	9개
학습 방법	개념을 다시 공부하세요.	조금 더 노력 하세요.	실수하면 안 돼요.	참 잘했어요.

소수의 나눗셈(1)

맞힌 개수	4개 이하	5~6개	7~8개	9개
학습 방법	개념을 다시 공부하세요.	조금 더 노력 하세요.	실수하면 안 돼요.	참 잘했어요.

✏️ 다음 나눗셈을 완전히 나누어 떨어질 때까지 계산하세요.

①

```
3 ) 3 . 6
```

②

```
8 ) 2 2 . 4
```

③

```
7 ) 3 7 . 1
```

④

```
1 5 ) 5 5 . 5
```

⑤

```
9 ) 6 4 . 8
```

⑥

```
6 ) 1 9 . 2
```

⑦

```
4 ) 7 9 . 6
```

⑧

```
6 ) 7 3 . 8
```

⑨

```
8 ) 9 5 . 2
```

자기 점수에 ○표 하세요

✎ 다음 나눗셈을 완전히 나누어 떨어질 때까지 계산하세요.

❶ 13.6÷8

❷ 11.4÷3

❸ 34.2÷6

❹ 18.5÷5

❺ 69.3÷11

❻ 94.9÷13

❼ 15.6÷12

❽ 260.8÷8

❾ 125.2÷4

자기 점수에 ○표 하세요

맞힌 개수	4개 이하	5~6개	7~8개	9개
학습 방법	개념을 다시 공부하세요	조금 더 노력 하세요	실수하면 안 돼요	참 잘했어요

맞힌 개수 | 4개 이하 | 5~6개 | 7~8개 | 9개
학습 방법 | 개념을 다시 공부하세요. | 조금 더 노력 하세요. | 실수하면 안 돼요. | 참 잘했어요.

✏️ 다음 나눗셈을 완전히 나누어 떨어질 때까지 계산하세요.

❶
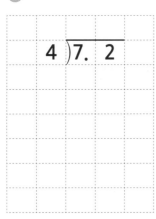

4) 7. 2

❷
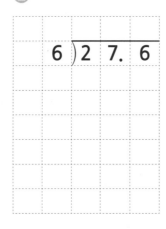

6) 2 7. 6

❸
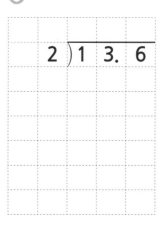

2) 1 3. 6

❹
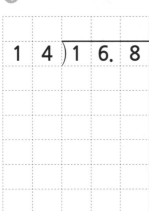

1 4) 1 6. 8

❺
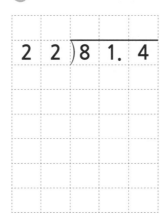

2 2) 8 1. 4

❻
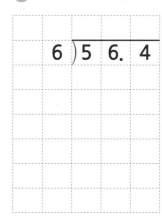

6) 5 6. 4

❼

1 6) 6 7. 2

❽

4 7) 7 9. 9

❾

8) 2 1 3. 6

자기 점수에 ○표 하세요

소수의 나눗셈(1)

🦷 정답 14쪽

✏️ 다음 나눗셈을 완전히 나누어 떨어질 때까지 계산하세요.

① 43.2÷9

② 37.8÷6

③ 51.8÷7

④ 66.4÷8

⑤ 69.6÷12

⑥ 92.4÷14

⑦ 146.7÷9

⑧ 77.1÷3

⑨ 22.8÷12

자기 점수에 ○표 하세요

맞힌 개수	4개 이하	5~6개	7~8개	9개
학습 방법	개념을 다시 공부하세요.	조금 더 노력 하세요.	실수하면 안 돼요.	참 잘했어요.

103단계 **39**

소수의 나눗셈(1)

학습 방법	개념을 다시 공부하세요.	조금 더 노력 하세요.	실수하면 안 돼요.	참 잘했어요.

✎ 다음 나눗셈을 완전히 나누어 떨어질 때까지 계산하세요.

①
$$9 \overline{)\ 5\ 9.\ 4}$$

②
$$4 \overline{)\ 2\ 3.\ 6}$$

③
$$3 \overline{)\ 2\ 6.\ 4}$$

④
$$1\ 2 \overline{)\ 8\ 0.\ 4}$$

⑤
$$2\ 3 \overline{)\ 8\ 7.\ 4}$$

⑥
$$1\ 5 \overline{)\ 9\ 1.\ 5}$$

⑦
$$4 \overline{)\ 1\ 1\ 4.\ 4}$$

⑧
$$6 \overline{)\ 2\ 4\ 6.\ 6}$$

⑨
$$7 \overline{)\ 1\ 6\ 3.\ 8}$$

✎ 다음 나눗셈을 완전히 나누어 떨어질 때까지 계산하세요.

❶ 22.8÷4

❷ 48.3÷7

❸ 44.8÷16

❹ 11.7÷9

❺ 51.3÷19

❻ 83.2÷32

❼ 211.5÷5

❽ 138.6÷9

❾ 472.8÷6

✎ 다음 나눗셈을 완전히 나누어 떨어질 때까지 계산하세요.

❶

$5 \overline{)4\,2.\,5}$

❷

$7 \overline{)4\,2.\,7}$

❸

$8 \overline{)2\,9.\,6}$

❹

$1\,2 \overline{)3\,1.\,2}$

❺

$2\,4 \overline{)8\,8.\,8}$

❻

$1\,6 \overline{)6\,8.\,8}$

❼

$7 \overline{)1\,6\,5.\,2}$

❽

$8 \overline{)5\,0\,5.\,6}$

❾

$5 \overline{)4\,6\,1.\,5}$

자기 점수에 ○표 하세요

맞힌 개수	4개 이하	5~6개	7~8개	9개
학습 방법	개념을 다시 공부하세요.	조금 더 노력 하세요.	실수하면 안 돼요.	참 잘했어요.

소수의 나눗셈(1)

✏️ 다음 나눗셈을 완전히 나누어 떨어질 때까지 계산하세요.

① 41.4÷6

② 34.8÷4

③ 29.7÷3

④ 60.5÷11

⑤ 53.2÷28

⑥ 19.6÷14

⑦ 141.6÷6

⑧ 506.4÷8

⑨ 375.3÷9

자기 점수에 ◯표 하세요

맞힌 개수	4개 이하	5~6개	7~8개	9개
학습 방법	개념을 다시 공부하세요.	조금 더 노력 하세요.	실수하면 안 돼요.	참 잘했어요.

103단계 **43**

🗨 정답 17쪽

✏️ 나눗셈을 곱셈으로 나타내세요.

① 5÷27=

② 6÷32=

③ 18÷19=

④ 24÷13=

✏️ 다음을 계산하여 기약분수로 나타내세요.

⑤ $\dfrac{5}{6}÷4=$

⑥ $\dfrac{21}{8}÷7=$

⑦ $2\dfrac{2}{5}÷6=$

⑧ $1\dfrac{1}{5}÷4=$

✏️ 다음 나눗셈을 완전히 나누어떨어질 때까지 계산하세요.

⑨
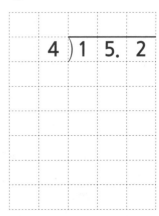

⑩
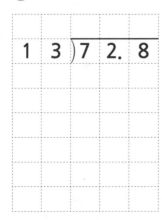

⑪
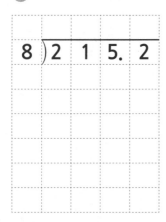

곰곰이 생각해 봐!

숫자 퀴즈 하나를 소개합니다.
이제 덧셈, 뺄셈, 곱셈, 나눗셈은
물론이고 분수와 소수까지 익혔으니
이런 종류의 문제들을 잘 풀 수 있을 거예요.

① 9를 다섯 개 사용해서 10을 만들어 보세요. 두 가지 방법을 찾아보세요.

② 같은 숫자 다섯개를 사용해서 100을 만드는 방법 네 가지를 찾아보세요.

$(5+5+5+5) \times 5 = 100$

$5 \times 5 \times 5 - 5 \times 5 = 100$

$33 \times 3 + \dfrac{3}{3} = 100$

$111 - 11 = 100$

② 1, 3, 5 각 다섯 개를 사용해서 수 100을 만들 수 있습니다. 그중에서 5가 가장 쉽지요.

답 ① $9 + \dfrac{99}{99} = 10$, $\dfrac{99}{9} - \dfrac{9}{9} = 10$

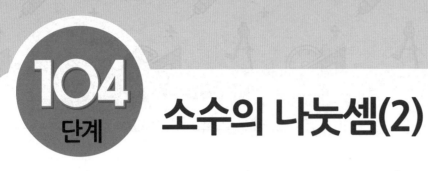

소수의 나눗셈(2)

104 단계

정확하게 이해하면
속도도 빨라질 수 있어!

◆스스로 학습 관리표◆

- 매일 맞힌 개수를 적고, 걸린 시간만큼 색칠해 보세요.
  (눈금 1칸은 1분이며, 초는 표의 상단에 적으세요.)

- 하루하루 지날수록 실력이 자라고, 계산 속도가
  빨라지는 것을 눈으로 직접 확인할 수 있습니다.

맞힌
개수

몫이 소수점 아래 두 자리 수인 (소수)÷(자연수)

기본적으로 모든 (소수)÷(자연수)의 계산은 자연수의 나눗셈과 같이 계산한 다음, 몫의 소수점을 찍어주면 됩니다. 몫의 소수점은 나누어지는 소수의 소수점 자리에 맞춰 찍어주면 됩니다.

	1	2	4
4)	4	9	6
	4		
		9	
		8	
		1	6
		1	6
			0

⇨

	1.	2	4
4)	4.	9	6
	4		
		9	
		8	
		1	6
		1	6
			0

예시

세로셈

	2.	4	9
3)	7.	5	7
	6		
	1	4	
	1	2	
		2	7
		2	7
			0

가로셈
8.04÷6

	1.	3	4
6)	8.	0	4
	6		
	2	0	
	1	8	
		2	4
		2	4
			0

이번 단계는 (소수)÷(자연수)를 계산했을 때 몫이 소수점 아래 두 자릿수가 나오는 경우에 대해서 공부해봅니다. 앞에서 배운 몫이 소수점 아래 한 자리 수인 경우나 이번에 배우는 몫이 소수점 아래 두 자리 수인 경우 모두 계산하고 난 후 몫에 소수점의 위치를 정확하게 찍어줄 수 있도록 지도해주세요.

소수의 나눗셈(2)

차근차근
계산해봐!

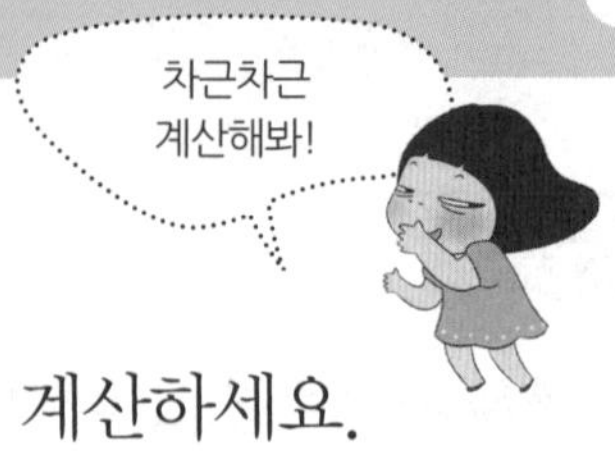

✏️ 다음 나눗셈을 완전히 나누어떨어질 때까지 계산하세요.

❶

$$4 \overline{)7.92}$$

❷

$$6 \overline{)7.38}$$

❸

$$2 \overline{)3.94}$$

❹

$$6 \overline{)26.64}$$

❺

$$7 \overline{)21.98}$$

❻

$$8 \overline{)14.24}$$

❼

$$11 \overline{)30.69}$$

❽

$$13 \overline{)89.18}$$

❾

$$16 \overline{)18.56}$$

소수의 나눗셈(2)

몫이 소수점 아래 두 자리가 되도록 소수점 위치에 신경써야 해

🔖 정답 18쪽

✏️ 다음 나눗셈을 완전히 나누어떨어질 때까지 계산하세요.

① 4.65÷3

② 5.04÷2

③ 9.45÷7

④ 12.25÷5

⑤ 21.24÷6

⑥ 17.46÷9

⑦ 25.84÷17

⑧ 82.32÷12

⑨ 69.08÷44

소수의 나눗셈(2)

월	일
분	초

/9

학습 방법	개념을 다시 공부하세요.	조금 더 노력 하세요.	실수하면 안 돼요.	참 잘했어요.

✏️ 다음 나눗셈을 완전히 나누어떨어질 때까지 계산하세요.

❶
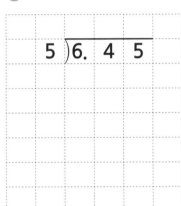

```
5 ) 6. 4 5
```

❷

```
8 ) 9. 7 6
```

❸
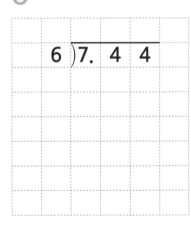

```
6 ) 7. 4 4
```

❹
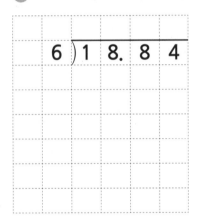

```
6 ) 1 8. 8 4
```

❺
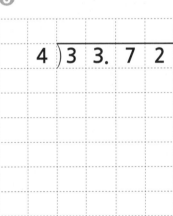

```
4 ) 3 3. 7 2
```

❻
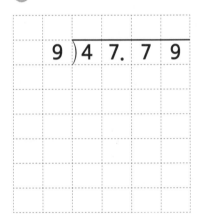

```
9 ) 4 7. 7 9
```

❼

```
1 2 ) 3 3. 7 2
```

❽

```
1 5 ) 3 5. 2 5
```

❾

```
2 1 ) 9 5. 9 7
```

자기 점수에 ○표 하세요

맞힌 개수	4개 이하	5~6개	7~8개	9개
학습 방법	개념을 다시 공부하세요.	조금 더 노력 하세요.	실수하면 안 돼요.	참 잘했어요.

소수의 나눗셈(2)

✎ 다음 나눗셈을 완전히 나누어떨어질 때까지 계산하세요.

❶ 9.12÷4

❷ 8.58÷6

❸ 9.92÷8

❹ 48.33÷9

❺ 24.72÷4

❻ 35.76÷8

❼ 47.71÷13

❽ 50.32÷17

❾ 59.84÷32

자기 점수에 ○표 하세요

맞힌 개수	4개 이하	5~6개	7~8개	9개
학습 방법	개념을 다시 공부하세요.	조금 더 노력 하세요.	실수하면 안 돼요.	참 잘했어요.

104단계 51

소수의 나눗셈(2)

3일차 A형

맞힌 개수 | 4개 이하 | 5~6개 | 7~8개 | 9개
학습 방법 | 개념을 다시 공부하세요 | 조금 더 노력 하세요. | 실수하면 안 돼요. | 참 잘했어요.

✎ 다음 나눗셈을 완전히 나누어떨어질 때까지 계산하세요.

❶
$$7 \overline{)8.96}$$

❷
$$4 \overline{)7.88}$$

❸
$$6 \overline{)21.72}$$

❹
$$6 \overline{)40.14}$$

❺
$$8 \overline{)55.68}$$

❻
$$9 \overline{)13.59}$$

❼
$$16 \overline{)58.56}$$

❽
$$19 \overline{)83.22}$$

❾
$$24 \overline{)58.32}$$

자기 점수에 ○표 하세요

✏️ 다음 나눗셈을 완전히 나누어떨어질 때까지 계산하세요.

❶ 8.85÷5

❷ 8.96÷8

❸ 29.12÷4

❹ 34.14÷6

❺ 34.86÷7

❻ 10.23÷3

❼ 40.88÷14

❽ 78.48÷18

❾ 99.09÷27

자기 점수에 ○표 하세요

맞힌 개수	4개 이하	5~6개	7~8개	9개
학습 방법	개념을 다시 공부하세요.	조금 더 노력 하세요.	실수하면 안 돼요.	참 잘했어요.

104단계 **53**

소수의 나눗셈(2)

✎ 다음 나눗셈을 완전히 나누어떨어질 때까지 계산하세요.

❶
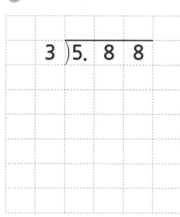
$$3 \overline{)5.88}$$

❷
$$6 \overline{)9.42}$$

❸
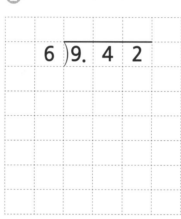
$$2 \overline{)13.42}$$

❹
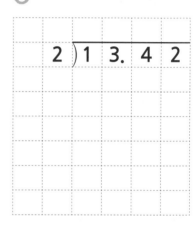
$$7 \overline{)65.94}$$

❺
$$6 \overline{)58.02}$$

❻
$$7 \overline{)38.29}$$

❼
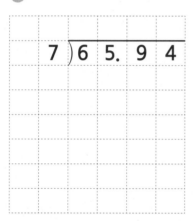
$$11 \overline{)72.16}$$

❽
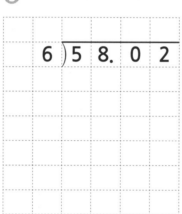
$$17 \overline{)71.23}$$

❾
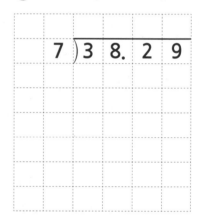
$$33 \overline{)64.68}$$

자기 점수에 ○표 하세요

맞힌 개수	4개 이하	5~6개	7~8개	9개
학습 방법	개념을 다시 공부하세요.	조금 더 노력 하세요.	실수하면 안 돼요.	참 잘했어요.

소수의 나눗셈(2)

🌷 정답 21쪽

✏ 다음 나눗셈을 완전히 나누어떨어질 때까지 계산하세요.

① 7.16÷4

② 8.94÷6

③ 18.45÷5

④ 25.83÷7

⑤ 42.66÷9

⑥ 52.72÷8

⑦ 54.15÷15

⑧ 59.57÷23

⑨ 73.78÷31

자기 점수에 ○표 하세요

맞힌 개수	4개 이하	5~6개	7~8개	9개
학습 방법	개념을 다시 공부하세요.	조금 더 노력 하세요.	실수하면 안 돼요.	참 잘했어요.

소수의 나눗셈(2)

월 일
분 초
/9

맞힌 개수 | 4개 이하 | 5~6개 | 7~8개 | 9개
학습 방법 | 개념을 다시 공부하세요 | 조금 더 노력 하세요 | 실수하면 안 돼요 | 참 잘했어요

✎ 다음 나눗셈을 완전히 나누어떨어질 때까지 계산하세요.

❶
$6\,\overline{)\,7.\,9\,8}$

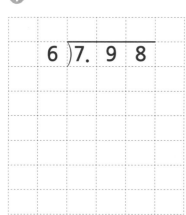

❷
$2\,\overline{)\,5.\,3\,4}$

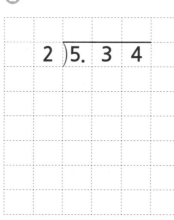

❸
$3\,\overline{)\,1\,6.\,6\,2}$

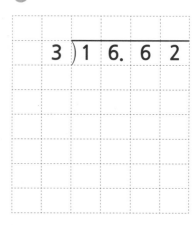

❹
$9\,\overline{)\,3\,5.\,3\,7}$

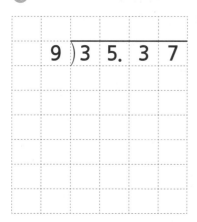

❺
$7\,\overline{)\,4\,5.\,3\,6}$

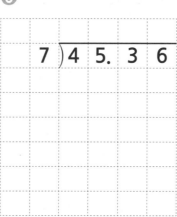

❻
$1\,3\,\overline{)\,6\,4.\,0\,9}$

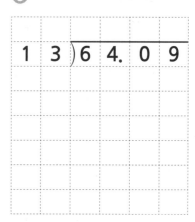

❼
$1\,8\,\overline{)\,4\,6.\,0\,8}$

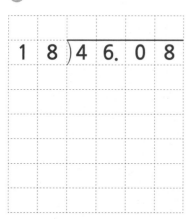

❽
$2\,4\,\overline{)\,9\,5.\,7\,6}$

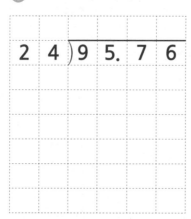

❾
$3\,4\,\overline{)\,6\,3.\,9\,2}$

정답 22쪽

✎ 다음 나눗셈을 완전히 나누어떨어질 때까지 계산하세요.

❶ 8.76÷4

❷ 9.24÷7

❸ 12.24÷8

❹ 41.22÷6

❺ 60.76÷7

❻ 29.76÷16

❼ 42.16÷17

❽ 84.24÷27

❾ 68.76÷36

자기 점수에 ○표 하세요

맞힌 개수	4개 이하	5~6개	7~8개	9개
학습 방법	개념을 다시 공부하세요.	조금 더 노력 하세요.	실수하면 안 돼요.	참 잘했어요

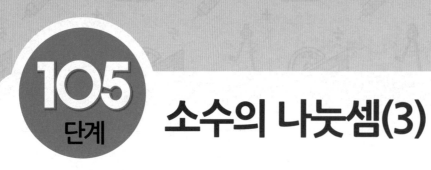

소수의 나눗셈(3)

◆스스로 학습 관리표◆

• 매일 맞힌 개수를 적고, 걸린 시간만큼 색칠해 보세요.
  (눈금 1칸은 1분이며, 초는 표의 상단에 적으세요.)

• 하루하루 지날수록 실력이 자라고, 계산 속도가
  빨라지는 것을 눈으로 직접 확인할 수 있습니다.

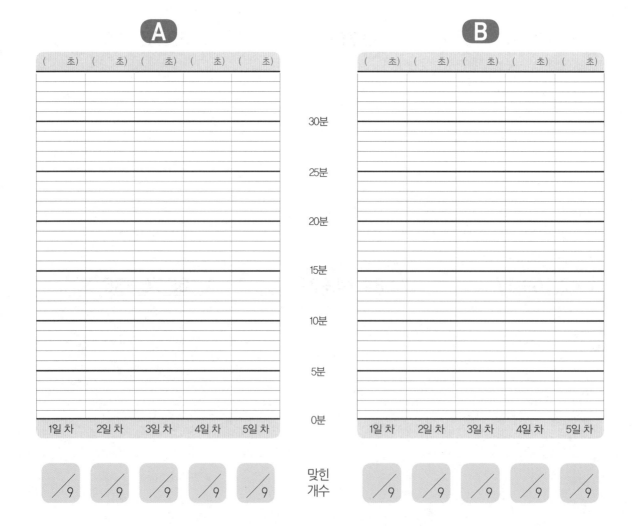

◆개념 포인트◆

몫이 1보다 작은 (소수)÷(자연수)

나누어지는 수가 나누는 수보다 작으면 몫은 1보다 작아집니다. 이 경우 일의 자리는 나누어지지 않으므로 몫의 일의 자리에 0을 쓰고, 소수점을 찍은 다음 자연수의 나눗셈과 같은 방법으로 계산합니다.

```
        0. 6 3
    5 ) 3. 1 5
        3 0
          1 5
          1 5
              0
```

예시

세로셈
```
        0. 7 3
    8 ) 5. 8 4
        5 6
          2 4
          2 4
              0
```

가로셈
7.74÷9
```
        0. 8 6
    9 ) 7. 7 4
        7 2
          5 4
          5 4
              0
```

지도 도우미

그동안 아이들은 큰 수에서 작은 수를 나누는 것을 공부해왔습니다. 이번 단계에서는 작은 수에서 큰 수를 나누는 방법을 알아봅니다. 나누어지지 않는다고 당황해 할 수도 있습니다. 이때 몫의 일의 자리에 0을 쓰고 그동안 공부한대로 차근차근 계산할 수 있도록 지도해 주세요.

소수의 나눗셈(3)

자연수 부분끼리 안 나누어
지면 몫의 일의 자리에
0을 놓고 계산하자

✎ 다음 나눗셈을 완전히 나누어떨어질 때까지 계산하세요.

❶

$3\,)\,\overline{2.\ 4}$

❷

$9\,)\,\overline{7.\ 2}$

❸

$4\,)\,\overline{2.\ 8}$

❹

$1\ 2\,)\,\overline{8.\ 4}$

❺

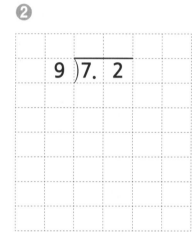

$7\,)\,\overline{4.\ 3\ 4}$

❻

$1\ 5\,)\,\overline{1\ 0.\ 3\ 5}$

❼

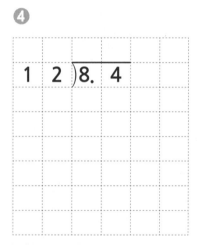

$2\ 1\,)\,\overline{1\ 5.\ 5\ 4}$

❽

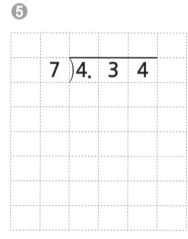

$1\ 6\,)\,\overline{1\ 1.\ 6\ 8}$

❾

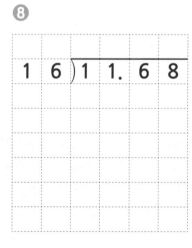

$2\,)\,\overline{1.\ 5\ 6\ 2}$

자기 점수에 ○표 하세요

맞힌 개수	4개 이하	5~6개	7~8개	9개
학습 방법	개념을 다시 공부하세요.	조금 더 노력 하세요.	실수하면 안 돼요.	참 잘했어요.

60 계산의 신 11권

분 초
/9

나누어지는 수가
나누는 수보다 작아도
계산할 수 있어

🐚 정답 23쪽

✏️ 다음 나눗셈을 완전히 나누어떨어질 때까지 계산하세요.

❶ 4.5÷9

❷ 5.6÷8

❸ 2.36÷4

❹ 5.2÷13

❺ 5.18÷14

❻ 13.92÷16

❼ 16.72÷22

❽ 6.104÷8

❾ 8.946÷14

자기 점수에 ○표 하세요

맞힌 개수	4개 이하	5~6개	7~8개	9개
학습 방법	개념을 다시 공부하세요.	조금 더 노력 하세요.	실수하면 안 돼요.	참 잘했어요.

소수의 나눗셈(3)

월   일
분   초
/9

✎ 다음 나눗셈을 완전히 나누어떨어질 때까지 계산하세요.

❶
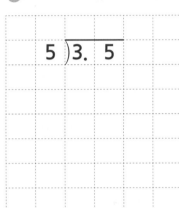

$5 \overline{)3.\ 5}$

❷
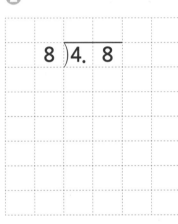

$8 \overline{)4.\ 8}$

❸
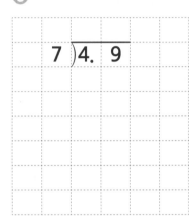

$7 \overline{)4.\ 9}$

❹

$1\ 3 \overline{)9.\ 1}$

❺
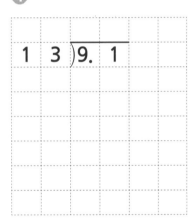

$6 \overline{)2.\ 8\ 8}$

❻
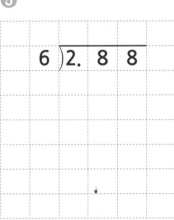

$1\ 4 \overline{)1\ 1.\ 7\ 6}$

❼

$1\ 5 \overline{)1\ 1.\ 5\ 5}$

❽

$1\ 8 \overline{)1\ 4.\ 9\ 4}$

❾

$4 \overline{)3.\ 2\ 6\ 8}$

자기 점수에 ○표 하세요

맞힌 개수	4개 이하	5~6개	7~8개	9개
학습 방법	개념을 다시 공부하세요	조금 더 노력 하세요	실수하면 안 돼요	참 잘했어요

✎ 다음 나눗셈을 완전히 나누어떨어질 때까지 계산하세요.

① 2.7÷3

② 4.2÷7

③ 6.48÷9

④ 1.75÷5

⑤ 8.28÷9

⑥ 5.16÷12

⑦ 7.75÷25

⑧ 10.22÷14

⑨ 12.16÷19

자기 점수에 ○표 하세요

맞힌 개수	4개 이하	5~6개	7~8개	9개
학습 방법	개념을 다시 공부하세요.	조금 더 노력 하세요.	실수하면 안 돼요.	참 잘했어요.

105단계 **63**

소수의 나눗셈(3)

✏️ 다음 나눗셈을 완전히 나누어떨어질 때까지 계산하세요.

❶ $6\,)\overline{1.\,8}$

❷ $9\,)\overline{8.\,1}$

❸ $9\,)\overline{8.\,5\,5}$

❹ $6\,)\overline{4.\,3\,2}$

❺ $1\,2\,)\overline{5.\,1\,6}$

❻ $2\,5\,)\overline{7.\,7\,5}$

❼ $1\,8\,)\overline{1\,4.\,2\,2}$

❽ $1\,6\,)\overline{1\,4.\,7\,2}$

❾ $3\,3\,)\overline{1\,5.\,5\,1}$

✎ 다음 나눗셈을 완전히 나누어떨어질 때까지 계산하세요.

❶ 1.2÷4

❷ 6.4÷8

❸ 1.86÷6

❹ 5.04÷7

❺ 2.76÷12

❻ 7.38÷18

❼ 14.24÷16

❽ 15.68÷28

❾ 9.997÷13

자기 점수에 ○표 하세요

맞힌 개수	4개 이하	5~6개	7~8개	9개
학습 방법	개념을 다시 공부하세요.	조금 더 노력 하세요.	실수하면 안 돼요.	참 잘했어요.

105단계 65

✏️ 다음 나눗셈을 완전히 나누어떨어질 때까지 계산하세요.

①
$$8\overline{)1.6}$$

②
$$6\overline{)4.8}$$

③
$$5\overline{)3.25}$$

④
$$8\overline{)2.56}$$

⑤
$$6\overline{)4.32}$$

⑥
$$12\overline{)4.44}$$

⑦
$$19\overline{)7.98}$$

⑧
$$12\overline{)11.88}$$

⑨
$$28\overline{)17.64}$$

학습 방법 개념을 다시

🌷 정답 26쪽

✏️ 다음 나눗셈을 완전히 나누어떨어질 때까지 계산하세요.

① 2.5÷5

② 6.03÷9

③ 3.42÷6

④ 4.96÷8

⑤ 6.12÷17

⑥ 10.12÷23

⑦ 12.07÷17

⑧ 18.24÷24

⑨ 6.064÷8

자기 점수에 ○표 하세요

맞힌 개수	4개 이하	5~6개	7~8개	9개
학습 방법	개념을 다시 공부하세요.	조금 더 노력 하세요.	실수하면 안 돼요.	참 잘했어요.

✏️ 다음 나눗셈을 완전히 나누어떨어질 때까지 계산하세요.

①
$$7\overline{)6.3}$$

②
$$4\overline{)1.44}$$

③
$$7\overline{)5.67}$$

④
$$9\overline{)1.44}$$

⑤
$$16\overline{)9.6}$$

⑥
$$18\overline{)7.92}$$

⑦
$$13\overline{)11.18}$$

⑧
$$26\overline{)16.38}$$

⑨
$$25\overline{)18.75}$$

소수의 나눗셈(3)

✏️ 다음 나눗셈을 완전히 나누어떨어질 때까지 계산하세요.

❶ 1.8÷3

❷ 2.45÷5

❸ 5.04÷8

❹ 5.32÷14

❺ 8.88÷12

❻ 7.29÷27

❼ 12.32÷14

❽ 23.14÷26

❾ 6.624÷16

자기 점수에 ○표 하세요

맞힌 개수	4개 이하	5~6개	7~8개	9개
학습 방법	개념을 다시 공부하세요.	조금 더 노력 하세요.	실수하면 안 돼요.	참 잘했어요.

105단계 **69**

106 단계 소수의 나눗셈(4)

정확하게 이해하면
속도도 빨라질 수 있어!

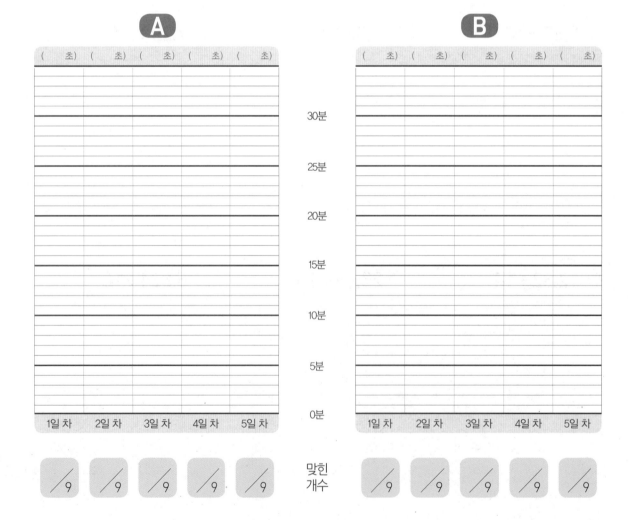

소수점 아래 0을 내려 계산하는 (소수)÷(자연수)

(소수)÷(자연수)를 할 때 나누어떨어지지 않으면, 나누어지는 수의 끝자리 아래에 0이 있다고 생각하고 0을 내려서 계산합니다.

		1	.	1
5	)	5	.	6
		5		
				6
				5
				1

⇨

		1	.	1	2
5	)	5	.	6	0
		5			
				6	
				5	
				1	0
				1	0
					0

예시

세로셈

		1	.	2	4
5	)	6	.	2	0
		5			
		1		2	
		1		0	
				2	0
				2	0
					0

가로셈

8.4÷5

		1	.	6	8
5	)	8	.	4	0
		5			
		3		4	
		3		0	
				4	0
				4	0
					0

끝자리에 0이 있어도 수는 그대로야!

지도 도우미

지금까지 나누어떨어지는 (소수)÷(자연수)를 공부했다면 이번 단계에서는 나누어떨어지지 않는 (소수)÷(자연수)를 배웁니다. 이때 소수점 끝자리에 0이 있다고 생각하고 나누어떨어질 때까지 계산할 수 있도록 지도해 주세요.

소수의 나눗셈(4)

나누어떨어지지 않을 때는 소수점 아래 0을 내려 계산해!

✎ 다음 나눗셈을 완전히 나누어떨어질 때까지 계산하세요.

❶

$$4 \overline{)8.6}$$

❷

$$6 \overline{)3.3}$$

❸

$$5 \overline{)9.8}$$

❹

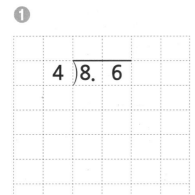

$$4 \overline{)35.4}$$

❺

$$5 \overline{)21.6}$$

❻

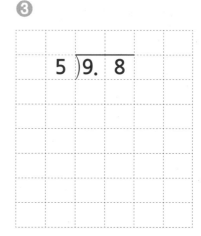

$$4 \overline{)33.8}$$

❼

$$12 \overline{)47.4}$$

❽

$$12 \overline{)55.8}$$

❾

$$25 \overline{)86.5}$$

소수의 나눗셈(4)

직접 세로셈으로 써서 계산해 봐!

🌷 정답 28쪽

✏️ 다음 나눗셈을 완전히 나누어떨어질 때까지 계산하세요.

❶ 7.3÷5

❷ 5.4÷4

❸ 7.6÷5

❹ 25.5÷6

❺ 17.2÷8

❻ 33.2÷8

❼ 79.8÷15

❽ 52.2÷12

❾ 61.8÷15

자기 점수에 ○표 하세요

맞힌 개수	4개 이하	5~6개	7~8개	9개
학습 방법	개념을 다시 공부하세요.	조금 더 노력 하세요.	실수하면 안 돼요.	참 잘했어요.

맞힌 개수 | 4개 이하 | 5~6개 | 7~8개 | 9개
학습 방법 | 개념을 다시 공부하세요. | 조금 더 노력 하세요. | 실수하면 안 돼요. | 참 잘했어요.

✏️ 다음 나눗셈을 완전히 나누어떨어질 때까지 계산하세요.

❶
$$4) \overline{9.\ 8}$$

❷
$$6) \overline{7.\ 5}$$

❸
$$5) \overline{2\ 8.\ 1}$$

❹
$$5) \overline{2\ 3.\ 4}$$

❺
$$4) \overline{2\ 5.\ 8}$$

❻
$$8) \overline{2\ 8.\ 4}$$

❼
$$1\ 2) \overline{5\ 3.\ 4}$$

❽
$$1\ 5) \overline{3\ 8.\ 4}$$

❾
$$2\ 4) \overline{4\ 6.\ 8}$$

✏️ 다음 나눗셈을 완전히 나누어떨어질 때까지 계산하세요.

① 6.9÷6

② 32.8÷5

③ 46.7÷5

④ 15.6÷8

⑤ 21.2÷8

⑥ 38.2÷4

⑦ 68.7÷15

⑧ 23.5÷25

⑨ 33.6÷35

자기 점수에 ○표 하세요

맞힌 개수	4개 이하	5~6개	7~8개	9개
학습 방법	개념을 다시 공부하세요.	조금 더 노력 하세요.	실수하면 안 돼요.	참 잘했어요.

소수의 나눗셈(4)

3일차 A형

✏️ 다음 나눗셈을 완전히 나누어떨어질 때까지 계산하세요.

①

2)9. 7

②

6)4 4. 7

③

5)1 6. 7

④

5)2 7. 8

⑤

4)1 3. 4

⑥

8)5 7. 2

⑦

4 2)6. 3

⑧

3 8)6. 2 7

⑨

8)4. 0 2

자기 점수에 ○표 하세요

맞힌 개수	4개 이하	5~6개	7~8개	9개
학습 방법	개념을 다시 공부하세요.	조금 더 노력 하세요.	실수하면 안 돼요.	참 잘했어요.

소수의 나눗셈(4)

3일차 **B**형

정답 30쪽

✏️ 다음 나눗셈을 완전히 나누어떨어질 때까지 계산하세요.

① 4.6÷4

② 33.2÷8

③ 28.1÷5

④ 23.4÷5

⑤ 32.8÷5

⑥ 76.5÷18

⑦ 52.2÷12

⑧ 46.8÷24

⑨ 4.2÷8

자기 점수에 ○표 하세요

맞힌 개수	4개 이하	5~6개	7~8개	9개
학습 방법	개념을 다시 공부하세요.	조금 더 노력 하세요.	실수하면 안 돼요.	참 잘했어요.

소수의 나눗셈(4)

월 일
분 초
/9

| 맞힌 개수 | 4개 이하 | 5~6개 | 7~8개 | 9개 |

✎ 다음 나눗셈을 완전히 나누어떨어질 때까지 계산하세요.

①
$$5\overline{)8.7}$$

②
$$6\overline{)15.9}$$

③
$$5\overline{)46.7}$$

④
$$8\overline{)21.2}$$

⑤
$$4\overline{)23.4}$$

⑥
$$14\overline{)25.9}$$

⑦
$$15\overline{)3.54}$$

⑧
$$24\overline{)20.4}$$

⑨
$$74\overline{)25.9}$$

자기 점수에 ○표 하세요

맞힌 개수	4개 이하	5~6개	7~8개	9개
학습 방법	개념을 다시 공부하세요	조금 더 노력 하세요	실수하면 안 돼요	참 잘했어요

소수의 나눗셈(4)

🖋 정답 31쪽

✏️ 다음 나눗셈을 완전히 나누어떨어질 때까지 계산하세요.

① 9.5÷2

② 2.3÷4

③ 8.1÷5

④ 13.7÷2

⑤ 41.4÷12

⑥ 3.6÷24

⑦ 42.9÷15

⑧ 54.6÷28

⑨ 3.23÷5

자기 점수에 ○표 하세요

맞힌 개수	4개 이하	5~6개	7~8개	9개
학습 방법	개념을 다시 공부하세요.	조금 더 노력 하세요.	실수하면 안 돼요.	참 잘했어요

소수의 나눗셈(4)

✏️ 다음 나눗셈을 완전히 나누어떨어질 때까지 계산하세요.

❶

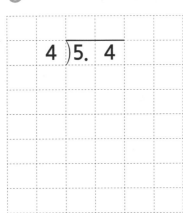

4) 5. 4

❷

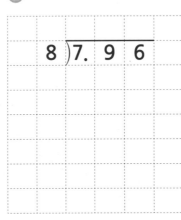

8) 7. 9 6

❸

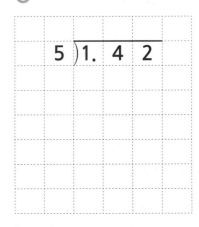

5) 1. 4 2

❹

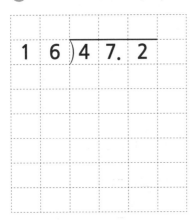

1 6) 4 7. 2

❺

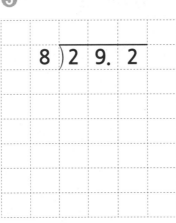

8) 2 9. 2

❻

1 2) 7 1. 4

❼

1 4) 8 6. 1

❽

2 8) 1 8. 2

❾

1 2) 5 2. 2

✏️ 다음 나눗셈을 완전히 나누어떨어질 때까지 계산하세요.

❶ 73.2÷8

❷ 11.4÷4

❸ 31.7÷5

❹ 123.4÷4

❺ 47.7÷18

❻ 85.8÷12

❼ 69.2÷8

❽ 13.8÷5

❾ 28.2÷12

자기 점수에 ○표 하세요

맞힌 개수	4개 이하	5~6개	7~8개	9개
학습 방법	개념을 다시 공부하세요.	조금 더 노력 하세요.	실수하면 안 돼요.	참 잘했어요.

🌷 정답 33쪽

✏️ 다음 나눗셈을 완전히 나누어떨어질 때까지 계산하세요.

❶
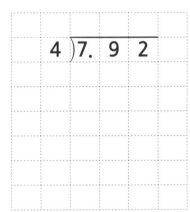
4) 7. 9 2

❷
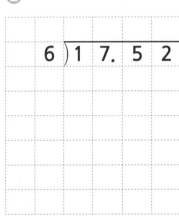
6) 1 7. 5 2

❸
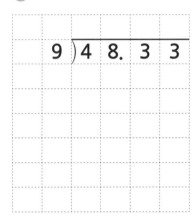
9) 4 8. 3 3

❹
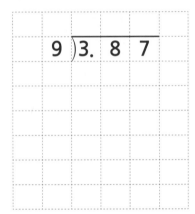
9) 3. 8 7

❺
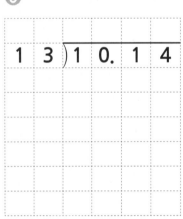
1 3) 1 0. 1 4

❻
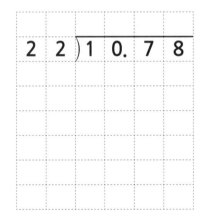
2 2) 1 0. 7 8

❼
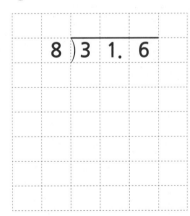
8) 3 1. 6

❽
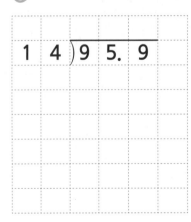
1 4) 9 5. 9

❾
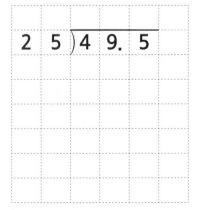
2 5) 4 9. 5

곰곰이
생각해 봐!

창의력 쑥쑥! 수학퀴즈

엄마가 사 온 간식

엄마가 집에 오셨어요. 양손에 종이 가방 여러 개를 들고 계시네요. 맛난 간식을 사 오신 거예요. 간식을 더 반기는 모습이 화가 나셨는지, 엄마는 바로 간식을 꺼내지 않으시고 문제를 하나 내겠다고 하시네요.

"엄마가 사 온 간식은 너희들이 좋아하는 케이크와 사탕이야. 모두 59개를 샀단다. 사탕은 가방 하나에 9개씩 담겨 있고, 케이크는 가방 하나에 4개씩 담겨 있어. 그렇다면 케이크는 모두 몇 개일까? 케이크 개수를 먼저 맞히는 사람부터 간식을 줄게."

초등학교 2학년 막냇동생이 투덜거리며 이야기했어요.

"엄마, 어려운 수학 문제잖아요. 누나들은 저보다 학교에서 많이 배웠으니까 제가 불리해요."

엄마는 빙그레 웃으시면서 말씀하셨어요.

"방정식을 세우거나 나눗셈처럼 어려운 계산을 하지 않아도 풀 수 있단다. 간단한 덧셈, 뺄셈만 할 수 있어도 쉽게 풀 수 있어."

잠깐 생각을 하던 막냇동생이 누나들을 제치고 먼저 답을 찾아 맛난 간식을 먹었습니다. 어떻게 답을 찾았을까요?

답 케이크는 모두 32개.

이 문제는 전체 간식의 개수인 59에서 사탕 가방 안에 들어 있는 사탕 개수 9를 빼도 되고 케이크 가방 안에 들어 있는 케이크 개수 4를 빼도 됩니다. 9를 빼고 나서 다시 또 9를 빼고, 그 다음에서 다시 또 9를 빼고, 케이크가 나올 때까지 9를 빼면 됩니다. 이 내용을 케이크가 나올 때까지 계산하면 59, 50, 41, 32가 나옵니다. 여기서, 9가 담긴 사탕 가방이 세 개에 케이크가 나와요. 사탕은 3개의 가방에 모두 27개가 들어 있고, 나머지 4개씩 담긴 32개가 케이크가 됩니다. 한 봉지당 케이크 개수인 4로 나누면 정확하게 나누어지지요?

소수의 나눗셈(5)

정확하게 이해하면
속도도 빨라질 수 있어!

◆스스로 학습 관리표◆

• 매일 맞힌 개수를 적고, 걸린 시간만큼 색칠해 보세요.
  (눈금 1칸은 1분이며, 초는 표의 상단에 적으세요.)

• 하루하루 지날수록 실력이 자라고, 계산 속도가
  빨라지는 것을 눈으로 직접 확인할 수 있습니다.

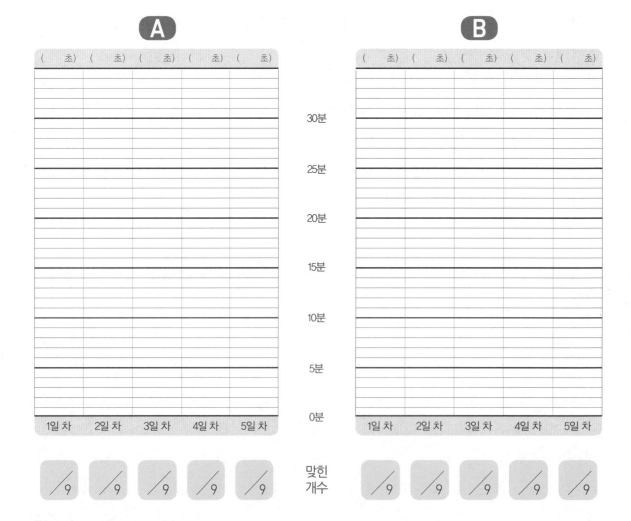

◆개념 포인트◆

몫의 소수 첫째 자리에 0이 있는 (소수)÷(자연수)

계산하는 과정에서 내린 수를 나눌 수 없는 경우에는 몫의 소수 첫째 자리에 0을 쓴 다음 수를 하나 더 내려 계산합니다. 이때 하나 더 내릴 수가 없다면 나누어질 소수 오른쪽 끝자리에 0이 계속 있다고 생각하고 0을 내려 계산합니다.

```
         1 0                      1. 0 8
    5 ) 5 4          ⇨      5 ) 5. 4  0
        5                         5
        ─────                     ─────
          4                         4 0
                                    4 0
                                    ─────
                                      0
```

예시

세로셈

```
          3. 0 5
    7 ) 2 1. 3 5
        2 1
        ─────
            3 5
            3 5
            ─────
              0
```

가로셈

84.7÷14

```
          6. 0 5
   1 4 ) 8 4. 7
         8 4
         ─────
             7 0
             7 0
             ─────
               0
```

소수의 나눗셈은 기본적으로 자연수의 나눗셈과 똑같이 계산합니다. 다만 아이들이 소수점을 찍는 것에 신경을 쓰다보면 몫이 소수 첫째 자리에 0이 있어도 빠뜨리고 계산하는 경우가 종종 있습니다. 문제를 풀 때 실수하거나 빠뜨리는 부분이 없이 계산할 수 있도록 지도해 주세요.

나누어지지 않을 땐
몫에 0을 쓰고 수를
하나 더 내려 계산하기!

✎ 다음 나눗셈을 완전히 나누어떨어질 때까지 계산하세요.

①

$$2 \overline{)6.1}$$

②

$$5 \overline{)5.2}$$

③

$$3 \overline{)6.24}$$

④

$$4 \overline{)8.36}$$

⑤

$$5 \overline{)20.25}$$

⑥

$$4 \overline{)48.24}$$

⑦

$$6 \overline{)48.3}$$

⑧

$$15 \overline{)61.05}$$

⑨

$$14 \overline{)28.84}$$

자기 점수에 ○표 하세요

맞힌 개수	4개 이하	5~6개	7~8개	9개
학습 방법	개념을 다시 공부하세요	조금 더 노력 하세요	실수하면 안 돼요.	참 잘했어요

소수의 나눗셈(5)

나누어지지 않아도 당황하지 말고 차근차근!

♨ 정답 34쪽

 다음 나눗셈을 완전히 나누어떨어질 때까지 계산하세요.

❶ 4.2÷4

❷ 6.3÷6

❸ 6.18÷3

❹ 8.28÷4

❺ 24.72÷8

❻ 90.3÷15

❼ 45.54÷9

❽ 72.36÷12

❾ 56.48÷8

자기 점수에 ○표 하세요

맞힌 개수	4개 이하	5~6개	7~8개	9개
학습 방법	개념을 다시 공부하세요.	조금 더 노력 하세요.	실수하면 안 돼요.	참 잘했어요.

소수의 나눗셈(5)

✏️ 다음 나눗셈을 완전히 나누어떨어질 때까지 계산하세요.

❶
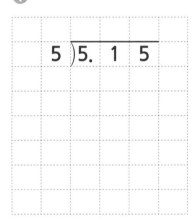

$5\,)\,5.\ 1\ 5$

❷
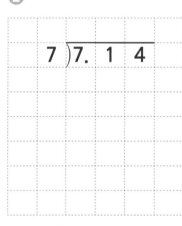

$7\,)\,7.\ 1\ 4$

❸
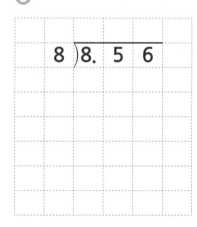

$8\,)\,8.\ 5\ 6$

❹
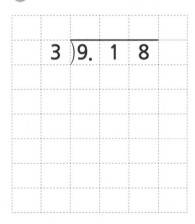

$3\,)\,9.\ 1\ 8$

❺
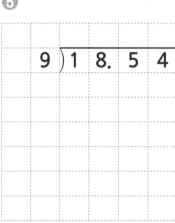

$9\,)\,1\ 8.\ 5\ 4$

❻
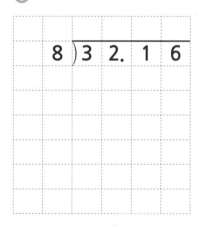

$8\,)\,3\ 2.\ 1\ 6$

❼
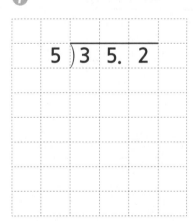

$5\,)\,3\ 5.\ 2$

❽

$8\,)\,4\ 8.\ 4$

❾

$6\,)\,4\ 2.\ 3$

소수의 나눗셈(5)

■ 정답 35쪽

✏ 다음 나눗셈을 완전히 나누어떨어질 때까지 계산하세요.

❶ 8.4÷8

❷ 5.4÷5

❸ 18.24÷6

❹ 72.48÷8

❺ 12.6÷12

❻ 36.9÷18

❼ 21.42÷7

❽ 32.96÷16

❾ 42.84÷21

소수의 나눗셈(5)

✎ 다음 나눗셈을 완전히 나누어떨어질 때까지 계산하세요.

❶
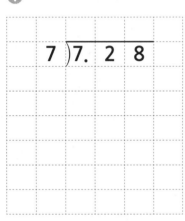

❷
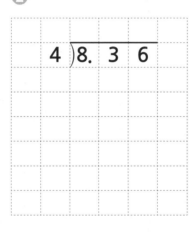

❸
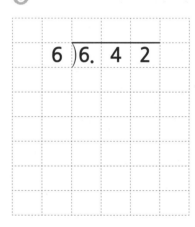

❹
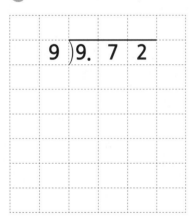

❺
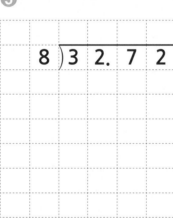

❻
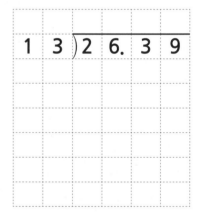

❼

14) 2 8. 7

❽

2 6) 5 3. 3

❾

1 5) 6 0. 3

맞힌 개수

학습 방법

✏️ 다음 나눗셈을 완전히 나누어떨어질 때까지 계산하세요.

❶ 5.3÷5

❷ 8.1÷2

❸ 24.4÷8

❹ 30.3÷6

❺ 42.7÷14

❻ 51.5÷25

❼ 48.56÷8

❽ 34.51÷17

❾ 67.54÷22

✎ 다음 나눗셈을 완전히 나누어떨어질 때까지 계산하세요.

❶
$5\overline{)5.1}$

❷
$8\overline{)48.4}$

❸
$6\overline{)42.3}$

❹
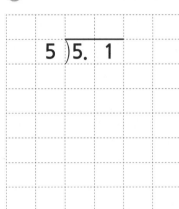
$12\overline{)24.6}$

❺
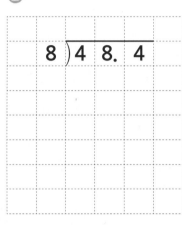
$25\overline{)25.5}$

❻
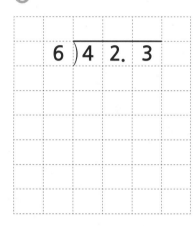
$16\overline{)64.8}$

❼
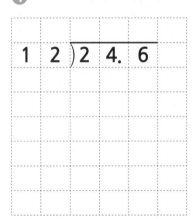
$17\overline{)35.36}$

❽
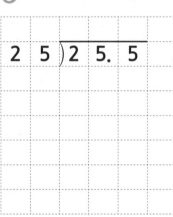
$16\overline{)96.48}$

❾
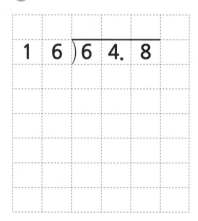
$23\overline{)69.92}$

자기 점수에 ○표 하세요

맞힌 개수	4개 이하	5~6개	7~8개	9개
학습 방법	개념을 다시 공부하세요.	조금 더 노력 하세요.	실수하면 안 돼요.	참 잘했어요.

소수의 나눗셈(5)

✎ 다음 나눗셈을 완전히 나누어떨어질 때까지 계산하세요.

❶ 8.2÷4

❷ 45.1÷5

❸ 72.4÷8

❹ 90.6÷15

❺ 45.1÷22

❻ 90.9÷18

❼ 72.18÷6

❽ 98.42÷14

❾ 39.52÷19

자기 점수에 ○표 하세요

맞힌 개수	4개 이하	5~6개	7~8개	9개
학습 방법	개념을 다시 공부하세요.	조금 더 노력 하세요.	실수하면 안 돼요.	참 잘했어요.

소수의 나눗셈(5)

맞힌 개수 | 학습 방법

✏️ 다음 나눗셈을 완전히 나누어떨어질 때까지 계산하세요.

❶
$$4 \overline{)1\ 6 \cdot 2}$$

❷
$$5 \overline{)1\ 5 \cdot 2}$$

❸
$$6 \overline{)5\ 4 \cdot 3}$$

❹
$$1\ 4 \overline{)8\ 4 \cdot 7}$$

❺
$$1\ 5 \overline{)9\ 0 \cdot 6}$$

❻
$$4 \overline{)9\ 2 \cdot 2\ 8}$$

❼
$$7 \overline{)9\ 1 \cdot 2\ 1}$$

❽
$$2\ 3 \overline{)7\ 0 \cdot 6\ 1}$$

❾
$$1\ 6 \overline{)6\ 5 \cdot 4\ 4}$$

자기 점수에 ○표 하세요

맞힌 개수	4개 이하	5~6개	7~8개	9개
학습 방법	개념을 다시 공부하세요	조금 더 노력 하세요	실수하면 안 돼요	참 잘했어요

✎ 다음 나눗셈을 완전히 나누어떨어질 때까지 계산하세요.

❶ 4.1÷2

❷ 4.28÷4

❸ 8.72÷8

❹ 84.6÷12

❺ 45.9÷15

❻ 49.2÷24

❼ 96.24÷8

❽ 91.08÷18

❾ 83.16÷27

자기 점수에 ○표 하세요

맞힌 개수	4개 이하	5~6개	7~8개	9개
학습 방법	개념을 다시 공부하세요.	조금 더 노력 하세요.	실수하면 안 돼요.	참 잘했어요.

107단계 **95**

소수의 나눗셈(6)

◆스스로 학습 관리표◆

• 매일 맞힌 개수를 적고, 걸린 시간만큼 색칠해 보세요.
 (눈금 1칸은 1분이며, 초는 표의 상단에 적으세요.)

• 하루하루 지날수록 실력이 자라고, 계산 속도가
 빨라지는 것을 눈으로 직접 확인할 수 있습니다.

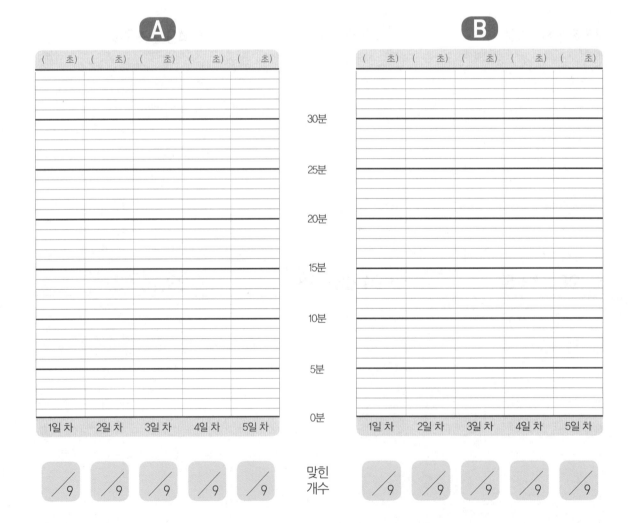

◆개념 포인트◆

(자연수)÷(자연수)

몫이 나누어떨어지지 않는 (자연수)÷(자연수)의 경우 나누어지는 수 오른쪽 끝자리에 소수점을 찍고 0이 계속 있는 것으로 생각하고 계산합니다. 이렇게 0을 내려 계산하여 나누어떨어지면 몫을 소수로 나타냅니다.

```
        2. 5
  2 ) 5. 0
      4
      1 0
      1 0
          0
```

예시

세로셈

```
        1. 4
  5 ) 7. 0
      5
      2 0
      2 0
          0
```

가로셈
5÷4

```
        1. 2 5
  4 ) 5. 0 0
      4
      1 0
        8
        2 0
        2 0
            0
```

앞에서 배운 소수의 나눗셈을 (자연수)÷(자연수)에 적용하는 단계입니다. 이전까지는 자연수끼리 나눌 때 나누어떨어지지 않는 경우 나머지를 두는 방법으로 계산하였습니다. 그렇지만 나누어지는 수에 소수점과 0을 붙여서 소수의 나눗셈처럼 계산하면 몫을 끝까지 구할 수 있습니다.

이때 문제에서 주어지지 않았더라도 소수점과 끝자리에 0을 붙여서 계산할 수 있게 지도해주세요.

소수의 나눗셈(6)

나누어떨어지지 않을 때는
소수점과 0을 붙여 계산하기!

✎ 다음 나눗셈을 완전히 나누어떨어질 때까지 계산하세요.

❶

$2 \overline{)9}$

❷

$4 \overline{)7}$

❸

$5 \overline{)1\,2}$

❹

$8 \overline{)2\,6}$

❺

$1\,5 \overline{)5\,4}$

❻

$2\,4 \overline{)3\,6}$

❼

$8 \overline{)3\,0}$

❽

$1\,8 \overline{)4\,5}$

❾

$1\,2 \overline{)1\,8}$

자기 점수에 ○표 하세요

맞힌 개수	4개 이하	5~6개	7~8개	9개
학습 방법	개념을 다시 공부하세요	조금 더 노력 하세요.	실수하면 안 돼요.	참 잘했어요.

98 계산의 신 11권

소수의 나눗셈(6)

월 일
분 초
/9

몫에 소수점 찍는거 잊지마!

정답 39쪽

✎ 다음 나눗셈을 완전히 나누어떨어질 때까지 계산하세요.

① 11÷5

② 14÷4

③ 20÷8

④ 3÷4

⑤ 2÷8

⑥ 5÷8

⑦ 12÷15

⑧ 6÷24

⑨ 30÷20

자기 점수에 ○표 하세요

맞힌 개수	4개 이하	5~6개	7~8개	9개
학습 방법	개념을 다시 공부하세요.	조금 더 노력 하세요.	실수하면 안 돼요.	참 잘했어요.

소수의 나눗셈(6)

✏️ 다음 나눗셈을 완전히 나누어떨어질 때까지 계산하세요.

❶
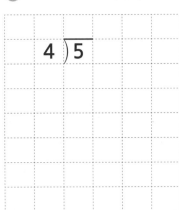
$4 \overline{)5}$

❷
$5 \overline{)1\ 3}$

❸
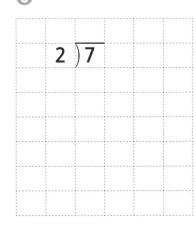
$2 \overline{)7}$

❹
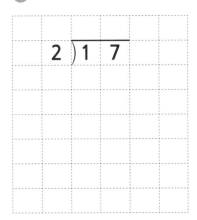
$2 \overline{)1\ 7}$

❺
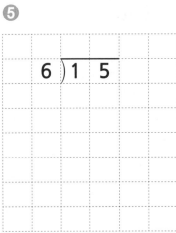
$6 \overline{)1\ 5}$

❻
$8 \overline{)3}$

❼
$1\ 4 \overline{)3\ 5}$

❽
$2\ 8 \overline{)6\ 3}$

❾
$2\ 4 \overline{)6}$

소수의 나눗셈(6)

월 일
분 초
/9

정답 40쪽

다음 나눗셈을 완전히 나누어떨어질 때까지 계산하세요.

❶ $11 \div 2$

❷ $19 \div 4$

❸ $27 \div 6$

❹ $7 \div 8$

❺ $3 \div 6$

❻ $33 \div 22$

❼ $9 \div 15$

❽ $8 \div 32$

❾ $40 \div 25$

자기 점수에 ○표 하세요

맞힌 개수	4개 이하	5~6개	7~8개	9개
학습 방법	개념을 다시 공부하세요.	조금 더 노력하세요.	실수하면 안 돼요.	참 잘했어요.

소수의 나눗셈(6)

✏️ 다음 나눗셈을 완전히 나누어떨어질 때까지 계산하세요.

①
$$4\overline{)4\ 2}$$

②
$$6\overline{)3\ 3}$$

③
$$8\overline{)5\ 2}$$

④
$$25\overline{)5\ 4}$$

⑤
$$28\overline{)7}$$

⑥
$$16\overline{)4\ 0}$$

⑦
$$25\overline{)1\ 1\ 5}$$

⑧
$$32\overline{)1\ 4\ 4}$$

⑨
$$18\overline{)1\ 1\ 7}$$

자기 점수에 ○표 하세요

맞힌 개수	4개 이하	5~6개	7~8개	9개
학습 방법	개념을 다시 공부하세요.	조금 더 노력 하세요.	실수하면 안 돼요.	참 잘했어요.

소수의 나눗셈(6)

월	일
분	초
	/9

정답 41쪽

다음 나눗셈을 완전히 나누어떨어질 때까지 계산하세요.

❶ 13÷4

❷ 19÷4

❸ 37÷5

❹ 27÷18

❺ 3÷4

❻ 16÷25

❼ 17÷25

❽ 63÷18

❾ 91÷14

자기 점수에 ○표 하세요

맞힌 개수	4개 이하	5~6개	7~8개	9개
학습 방법	개념을 다시 공부하세요.	조금 더 노력 하세요.	실수하면 안 돼요.	참 잘했어요.

소수의 나눗셈(6)

4일차 A형

맞힌 개수

 다음 나눗셈을 완전히 나누어떨어질 때까지 계산하세요.

❶

$8)\overline{22}$

❷

$6)\overline{45}$

❸

$2)\overline{47}$

❹

$38)\overline{19}$

❺

$25)\overline{8}$

❻

$16)\overline{28}$

❼

$20)\overline{130}$

❽

$42)\overline{357}$

❾

$16)\overline{120}$

자기 점수에 ○표 하세요

맞힌 개수	4개 이하	5~6개	7~8개	9개
학습 방법	개념을 다시 공부하세요.	조금 더 노력 하세요.	실수하면 안 돼요.	참 잘했어요.

소수의 나눗셈(6)

♨정답 42쪽

✏️ 다음 나눗셈을 완전히 나누어떨어질 때까지 계산하세요.

① 70÷4

② 23÷5

③ 36÷8

④ 52÷16

⑤ 75÷12

⑥ 18÷45

⑦ 42÷56

⑧ 152÷16

⑨ 114÷12

자기 점수에 ○표 하세요

맞힌 개수	4개 이하	5~6개	7~8개	9개
학습 방법	개념을 다시 공부하세요.	조금 더 노력 하세요.	실수하면 안 돼요.	참 잘했어요.

✏️ 다음 나눗셈을 완전히 나누어떨어질 때까지 계산하세요.

①

$4 \overline{)1\ 4}$

②

$5 \overline{)3\ 1}$

③

$8 \overline{)3\ 8}$

④

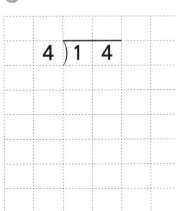

$1\ 2 \overline{)9\ 0}$

⑤

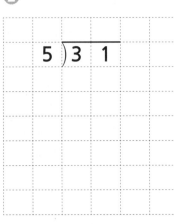

$1\ 4 \overline{)3\ 5}$

⑥

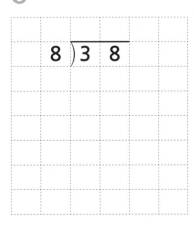

$2\ 6 \overline{)1\ 1\ 7}$

⑦

$1\ 5 \overline{)2\ 4}$

⑧

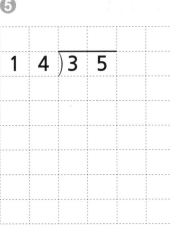

$1\ 6 \overline{)1\ 2}$

⑨

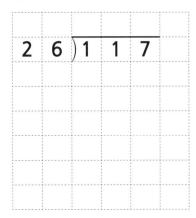

$2\ 4 \overline{)1\ 8}$

자기 점수에 ○표 하세요

맞힌 개수	4개 이하	5~6개	7~8개	9개
학습 방법	개념을 다시 공부하세요.	조금 더 노력 하세요.	실수하면 안 돼요.	참 잘했어요.

106 계산의 신 11권

✏️ 다음 나눗셈을 완전히 나누어떨어질 때까지 계산하세요.

① 58÷4

② 51÷6

③ 87÷12

④ 9÷15

⑤ 3÷8

⑥ 14÷25

⑦ 135÷18

⑧ 204÷24

⑨ 322÷35

자기 점수에 ○표 하세요

맞힌 개수	4개 이하	5~6개	7~8개	9개
학습 방법	개념을 다시 공부하세요.	조금 더 노력 하세요.	실수하면 안 돼요.	참 잘했어요.

소수의 나눗셈(7)

정확하게 이해하면
속도도 빨라질 수 있어!

◆스스로 학습 관리표◆

• 매일 맞힌 개수를 적고, 걸린 시간만큼 색칠해 보세요.
  (눈금 1칸은 1분이며, 초는 표의 상단에 적으세요.)

• 하루하루 지날수록 실력이 자라고, 계산 속도가
  빨라지는 것을 눈으로 직접 확인할 수 있습니다.

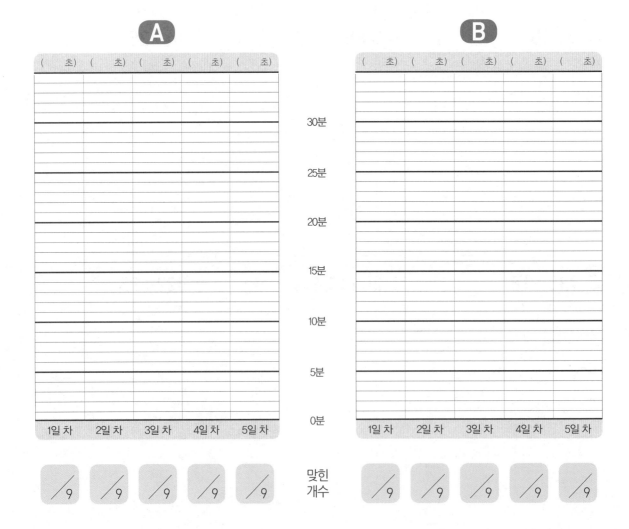

◆개념 포인트◆

(자연수)÷(자연수)의 몫을 어림하여 나타내기

(자연수)÷(자연수)를 계산할 때, 0을 계속 내려서 계산하여도 몫이 나누어떨어지지 않아서 소수로 간단하게 나타내기 어려울 때에는 몫을 어림하여 나타낼 수 있습니다.
이때 구하려는 자리의 바로 아래 자리의 숫자가 0, 1, 2, 3, 4이면 버리고, 5, 6, 7, 8, 9이면 올리는 방법을 반올림이라고 합니다.

		0.	6	6	6	···
3	)	2	0	0	0	
		1	8			
			2	0		
			1	8		
				2	0	
				1	8	
					2	

① 몫을 소수 둘째 자리까지 구한 후, 반올림하여 소수 첫째 자리까지 나타냅니다.
$$2 \div 3 = 0.66\cdots \Rightarrow 0.7$$

② 몫을 소수 셋째 자리까지 구한 후, 반올림하여 소수 둘째 자리까지 나타냅니다.
$$2 \div 3 = 0.666\cdots \Rightarrow 0.67$$

예시

세로셈

		0.	7	1	4	···
7	)	5				
		4	9			
			1	0		
				7		
				3	0	
				2	8	
					2	

몫을 소수 셋째 자리까지 구하기
$$5 \div 7 = 0.714$$

가로셈
$$8 \div 9$$

		0.	8	8	8	···
9	)	8				
		7	2			
			8	0		
			7	2		
				8	0	
				7	2	
					8	

몫을 소수 셋째 자리에서 반올림
$$8 \div 9 = 0.888\cdots \Rightarrow 0.89$$

지도 도우미

0을 계속해서 내려서 계산해도 나누어떨어지지 않는 경우 어떻게 몫을 나타내는지를 배워보는 단계입니다. 반올림이라는 개념이 생소할 수 있지만 올리는 수와 버리는 수를 확실하게 구분하고 어느 자리에서 어림하여 나타낼 수 있는지를 이해시켜 주세요.

소수의 나눗셈(7)

소수 끝자리에
0을 계속 내려서
계산해봐.

✏️ 나눗셈을 하여 몫을 소수 둘째 자리까지 구하세요.

①

$6\overline{)1\ 3}$

②

$9\overline{)1\ 6}$

③

$7\overline{)1\ 1}$

④

$3\overline{)4}$

⑤

$1\ 2\overline{)5}$

⑥

$1\ 4\overline{)8}$

⑦

$1\ 3\overline{)2\ 5}$

⑧

$1\ 7\overline{)3\ 0}$

⑨

$1\ 9\overline{)4\ 1}$

자기 점수에 ○표 하세요

맞힌 개수	4개 이하	5~6개	7~8개	9개
학습 방법	개념을 다시 공부하세요.	조금 더 노력 하세요.	실수하면 안 돼요.	참 잘했어요.

1일차 B형

반올림해서 소수 첫째 자리
까지 나타내려면 몫은 적어도
소수 둘째 자리까지
구해야해!

정답 44쪽

 몫을 반올림하여 소수 첫째 자리까지 나타내세요.

❶ 12÷9 ⇨

❷ 16÷7 ⇨

❸ 23÷3 ⇨

❹ 5÷6 ⇨

❺ 2÷9 ⇨

❻ 14÷17 ⇨

❼ 42÷18 ⇨

❽ 35÷17 ⇨

❾ 49÷23 ⇨

자기 점수에 ○표 하세요

맞힌 개수	4개 이하	5~6개	7~8개	9개
학습 방법	개념을 다시 공부하세요.	조금 더 노력 하세요.	실수하면 안 돼요.	참 잘했어요.

나눗셈을 하여 몫을 소수 둘째 자리까지 구하세요.

①
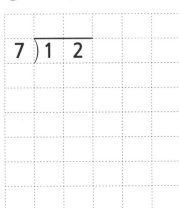

7) 1 2

②
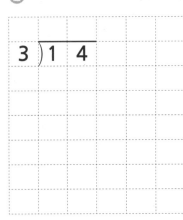

3) 1 4

③
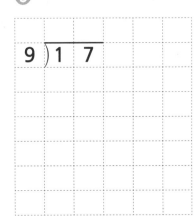

9) 1 7

④

9) 6

⑤

1 1) 8

⑥

1 3) 9

⑦
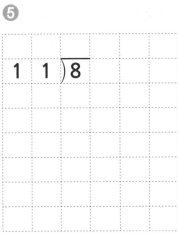

1 1) 1 9

⑧

1 7) 2 7

⑨
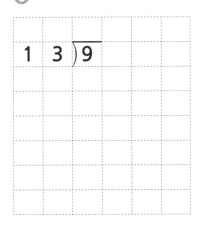

1 3) 3 2

✏️ 몫을 반올림하여 소수 첫째 자리까지 나타내세요.

❶ 15÷7　　⇨　　❷ 14÷3　　⇨　　❸ 26÷9　　⇨

❹ 4÷7　　⇨　　❺ 6÷9　　⇨　　❻ 15÷22　　⇨

❼ 47÷13　　⇨　　❽ 88÷17　　⇨　　❾ 71÷41　　⇨

3일차 A형

소수의 나눗셈(7)

월 일
분 초
/9

나눗셈을 하여 몫을 소수 둘째 자리까지 구하세요.

❶ $6\overline{)17}$

❷ $9\overline{)23}$

❸ $7\overline{)27}$

❹ $7\overline{)2}$

❺ $13\overline{)6}$

❻ $19\overline{)12}$

❼ $14\overline{)29}$

❽ $17\overline{)73}$

❾ $11\overline{)38}$

자기 점수에 ○표 하세요

맞힌 개수	4개 이하	5~6개	7~8개	9개
학습 방법	개념을 다시 공부하세요.	조금 더 노력하세요.	실수하면 안 돼요.	참 잘했어요.

✎ 몫을 반올림하여 소수 첫째 자리까지 나타내세요.

❶ 11÷3   ⇨

❷ 24÷9   ⇨

❸ 29÷7   ⇨

❹ 5÷13   ⇨

❺ 10÷17   ⇨

❻ 9÷19   ⇨

❼ 25÷11   ⇨

❽ 86÷23   ⇨

❾ 95÷31   ⇨

자기 점수에 ○표 하세요

맞힌 개수	4개 이하	5~6개	7~8개	9개
학습 방법	개념을 다시 공부하세요.	조금 더 노력 하세요.	실수하면 안 돼요.	참 잘했어요.

109단계 115

소수의 나눗셈(7)

4일차 A형

✏️ 나눗셈을 하여 몫을 소수 둘째 자리까지 구하세요.

❶
$3) \overline{1\ 6}$

❷
$7) \overline{1\ 9}$

❸
$9) \overline{2\ 2}$

❹
$1\ 1) \overline{8}$

❺
$1\ 7) \overline{1\ 0}$

❻
$2\ 4) \overline{1\ 3}$

❼
$1\ 3) \overline{2\ 8}$

❽
$1\ 7) \overline{6\ 2}$

❾
$1\ 9) \overline{7\ 3}$

자기 점수에 ◯표 하세요

맞힌 개수	4개 이하	5~6개	7~8개	9개
학습 방법	개념을 다시 공부하세요.	조금 더 노력 하세요.	실수하면 안 돼요.	참 잘했어요

소수의 나눗셈(7)

학습 방법 | 개념을 다시 공부하세요 | 조금 더 노력 하세요. | 실수하면 안 돼요. | 참 잘했어요

정답 47쪽

✏️ 몫을 반올림하여 소수 첫째 자리까지 나타내세요.

① 17÷7 ⇨

② 22÷6 ⇨

③ 35÷9 ⇨

④ 4÷11 ⇨

⑤ 8÷13 ⇨

⑥ 12÷21 ⇨

⑦ 24÷17 ⇨

⑧ 61÷31 ⇨

⑨ 72÷29 ⇨

자기 점수에 ○표 하세요

맞힌 개수	4개 이하	5~6개	7~8개	9개
학습 방법	개념을 다시 공부하세요.	조금 더 노력 하세요.	실수하면 안 돼요.	참 잘했어요

✎ 나눗셈을 하여 몫을 소수 둘째 자리까지 구하세요.

❶
9) 2 3

❷
6) 2 5

❸
7) 3 0

❹
1 7) 6

❺
1 1) 9

❻
1 7) 1 1

❼
1 7) 4 1

❽
1 3) 5 5

❾
2 2) 8 0

자기 점수에 ○표 하세요

맞힌 개수	4개 이하	5~6개	7~8개	9개
학습 방법	개념을 다시 공부하세요.	조금 더 노력 하세요.	실수하면 안 돼요.	참 잘했어요

✏️ 몫을 반올림하여 소수 첫째 자리까지 나타내세요.

❶ $19 \div 3$ ⇨

❷ $37 \div 9$ ⇨

❸ $28 \div 11$ ⇨

❹ $3 \div 13$ ⇨

❺ $7 \div 22$ ⇨

❻ $14 \div 38$ ⇨

❼ $29 \div 12$ ⇨

❽ $57 \div 23$ ⇨

❾ $99 \div 41$ ⇨

자기 점수에 ○표 하세요

맞힌 개수	4개 이하	5~6개	7~8개	9개
학습 방법	개념을 다시 공부하세요.	조금 더 노력 하세요.	실수하면 안 돼요.	참 잘했어요.

109단계 **119**

🖊 정답 49쪽

✏ 다음 나눗셈을 완전히 나누어떨어질 때까지 계산하세요.

❶

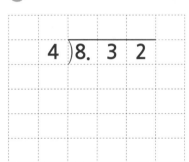

❷

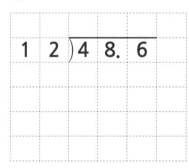

❸

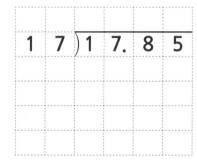

❹

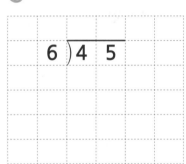

❺

❻

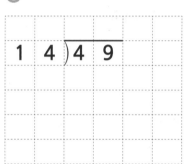

✏ 몫을 어림하여 소수 첫째 자리까지 나타내세요.

❼ $16 \div 3$ ⇨

❽ $9 \div 17$ ⇨

❾ $84 \div 19$ ⇨

알아두면
도움이 돼!

재미있는 **수학이야기**

신문에서 만나는 분수와 소수

지금 우리가 공부하고 있는 분수와 소수는 우리 생활 속에서 자주 만날 수 있답니다. 자, 신문을 같이 펼쳐 볼까요?

신문 경제면을 보면 '1/4분기, 2/4분기' 하는 말을 자주 볼 수 있습니다. 이게 무슨 말일까요? 1/4분기는 1년 12달을 4로 나눈 첫 번째 부분, 즉 1월에서 3월까지의 3개월을 가리킵니다. 3/4분기라고 하면 7월에서 9월을 나타낸다는 것, 알 수 있겠지요? '기준금리 12개월째 동결…… 연 2.50%', '코스피 장중 2000선 돌파, 2003.83 포인트 마감' 등 금리와 이율을 표시할 때는 물론, 주가나 코스닥, 코스피 지수를 나타낼 때도 소수가 사용됩니다.

자, 이제는 우리 남자 친구들이 좋아하는 스포츠 면으로 넘어가 볼까요? '추신수, 원정타율 0.477 구단 신기록 도전한다', '류현진, 7이닝 무실점', '류현진, 방어율 3.86 → 2.57 대폭 하락'과 같은 기사 제목도 보이네요. 타율이나 방어율을 나타낼 때에는 소수가 쓰이지요. 야구에서 투수가 던진 이닝 수를 셀 때 3과 2/3이닝과 같은 분수를 쓰는 때가 있답니다. 1이닝은 한 회를 이르는 말로 각 팀이 3아웃될 때까지 공격과 수비를 한 차례씩 치르는 경기 진행상의 단위입니다. 그러니까 어떤 투수가 3과 2/3이닝을 던졌다는 말은 3회를 던지고 2명의 타자를 아웃시키는 동안 던졌다는 말입니다. 즉, 총 11명의 타자를 아웃시켰다는 것이지요. 김연아 선수의 피겨 점수도 소수로 나타내고 육상이나 수영, 역도 등의 기록 역시 소수로 나타냅니다.

일반적으로 분수가 소수보다 더 정확한 값을 나타내지만, 그 실제의 값을 10진법으로는 정확히 알기 힘들기 때문에 소수로 표현합니다. 또 우리가 즐겨 쓰는 컴퓨터는 구조적으로 분수를 쓰기 힘들게 되어 있어서 아무래도 생활 속에서는 분수보다는 소수를 더 많이 사용하게 됩니다. 그렇지만, 여러분이 중학교와 고등학교에 가서는 분수를 더 많이 만나게 될 거예요. 분수와 소수 계산이 힘들더라도 《계산의 신》 11권을 통해 완전히 정복하자고요!

110 단계

비와 비율

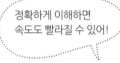

◆스스로 학습 관리표◆

• 매일 맞힌 개수를 적고, 걸린 시간만큼 색칠해 보세요.
(눈금 1칸은 1분이며, 초는 표의 상단에 적으세요.)

• 하루하루 지날수록 실력이 자라고, 계산 속도가
빨라지는 것을 눈으로 직접 확인할 수 있습니다.

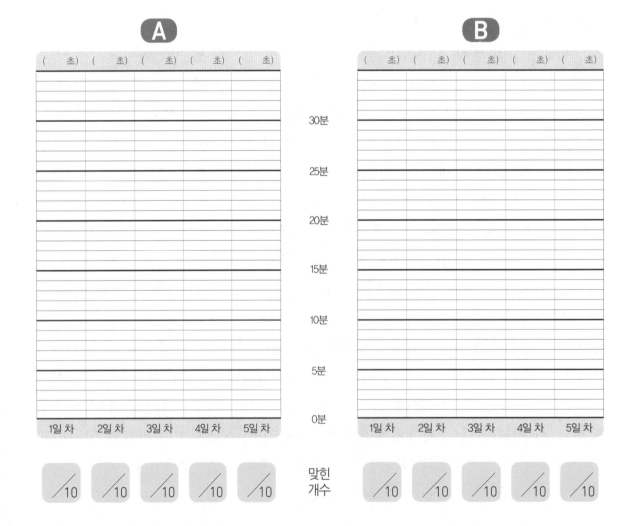

두 수의 비

○ ○ ○ ▲ ▲ ▲ ▲ ▲

○의 개수 3과 ▲의 개수 5를 비교할 때, 3 : 5라고 쓰고, 다음과 같이 읽습니다.

3 : 5

↓   ↓

비교하는 양 기준량

• 3 대 5
• 3과 5의 비
• 5에 대한 3의 비
• 3의 5에 대한 비

두 수를 비교할 때, 기준이 되는 값을 기준량이라고 하고, 항상 비를 나타내는 기호 :
의 오른쪽에 씁니다.

비율

기준량에 대한 비교하는 양의 크기를 비율이라고 합니다. 기준량을 1로 볼 때의 비율
을 비의 값이라고 합니다.

$$(비율) = \frac{(비교하는\ 양)}{(기준량)}$$

3 : 5의 비의 값은 분수 $\frac{3}{5}$ 또는 소수 0.6과 같이 나타냅니다.

이때 비율에 100을 곱한 값을 백분율이라고 하고 기호 %(퍼센트)를 사용합니다.

기준이 되는 값이
기준량이야.

예시

7 : 10

비를 읽는 방법 ⇒ 7 대 10 / 7과 10의 비 / 10에 대한 7의 비 / 7의 10에 대한 비

비교하는 양 ⇒ 7, 기준량 ⇒ 10

비율 ⇒ $\frac{7}{10}$ = 0.7, 백분율 ⇒ 0.7 × 100 = 70%

지도
도우미

두 수의 비에서 기준량이 무엇인지 확실히 구분할 수 있도록 지도해 주세요. 아이들은 1 : 3 과 3 : 1
을 거의 비슷하게 볼 수 있지만, 1 : 3에서는 3이 기준량이고, 3 : 1에서는 1이 기준량입니다. 비를 읽
는 여러 방법에서 '○에 대한'이란 표현이 나올 때는 바로 ○가 기준량이라는 것을 꼭 기억하게 해
주세요.

어느 쪽이 기준량
일까?

✏️ 비에서 기준량과 비교하는 양을 찾아 쓰세요.

비	기준량	비교하는 양
❶ 3 : 7		
❷ 12 : 19		
❸ 2 대 7		
❹ 5 대 8		
❺ 6과 13의 비		
❻ 19 대 25		
❼ 7에 대한 3의 비		
❽ 23에 대한 17의 비		
❾ 4의 3에 대한 비		
❿ 17의 9에 대한 비		

비와 비율

기준량이 분모가 되는 것 알고 있지?

📖 정답 50쪽

✏️ 비율을 기약분수와 소수, 백분율로 나타내세요.

비 \ 비율	분수	소수	백분율
❶ 3 : 4			
❷ 12 : 25			
❸ 2 대 5			
❹ 5 대 8			
❺ 6과 12의 비			
❻ 19와 25의 비			
❼ 10에 대한 3의 비			
❽ 125에 대한 1의 비			
❾ 4의 25에 대한 비			
❿ 12의 60에 대한 비			

자기 점수에 ○표 하세요

맞힌 개수	5개 이하	6~7개	8~9개	10개
학습 방법	개념을 다시 공부하세요.	조금 더 노력 하세요.	실수하면 안 돼요.	참 잘했어요.

110단계 **125**

✎ 비에서 기준량과 비교하는 양을 찾아 쓰세요.

비	기준량	비교하는 양
❶ 4 : 9		
❷ 15 : 7		
❸ 6 대 17		
❹ 15 대 8		
❺ 4와 23의 비		
❻ 11 대 26		
❼ 8에 대한 13의 비		
❽ 29에 대한 9의 비		
❾ 5의 8에 대한 비		
❿ 11의 40에 대한 비		

✎ 비율을 기약분수와 소수, 백분율로 나타내세요.

비＼비율	분수	소수	백분율
❶ 2 : 5			
❷ 7 : 50			
❸ 2 대 1			
❹ 3 대 20			
❺ 3과 12의 비			
❻ 16과 100의 비			
❼ 15에 대한 3의 비			
❽ 125에 대한 3의 비			
❾ 6의 25에 대한 비			
❿ 38의 40에 대한 비			

자기 점수에 ○표 하세요

맞힌 개수	5개 이하	6~7개	8~9개	10개
학습 방법	개념을 다시 공부하세요.	조금 더 노력 하세요.	실수하면 안 돼요.	참 잘했어요.

110단계 127

비와 비율

맞힌 개수	5개 이하	6~7개	8~9개	10개
학습 방법	개념을 다시 공부하세요.	조금 더 노력 하세요.	실수하면 안 돼요.	참 잘했어요.

🖉 비에서 기준량과 비교하는 양을 찾아 쓰세요.

비	기준량	비교하는 양
❶ 5 : 13		
❷ 14 : 21		
❸ 3 대 12		
❹ 7 대 15		
❺ 9와 49의 비		
❻ 13 대 26		
❼ 41에 대한 17의 비		
❽ 9에 대한 72의 비		
❾ 5의 25에 대한 비		
❿ 64의 128에 대한 비		

자기 점수에 ○표 하세요

✏️ 비율을 기약분수와 소수, 백분율로 나타내세요.

비 \ 비율	분수	소수	백분율
❶ 3 : 24			
❷ 125 : 250			
❸ 56 대 64			
❹ 256 대 1024			
❺ 39와 13의 비			
❻ 36과 144의 비			
❼ 100에 대한 34의 비			
❽ 125에 대한 12의 비			
❾ 120의 500에 대한 비			
❿ 45의 120에 대한 비			

비와 비율

4일차 **A**형

월   일
분   초
/10

맞힌 개수	5개 이하	6~7개	8~9개	10개
학습 방법	개념을 다시 공부하세요.	조금 더 노력 하세요.	실수하면 안 돼요.	참 잘했어요.

✎ 비에서 기준량과 비교하는 양을 찾아 쓰세요.

비	기준량	비교하는 양
❶ 6 : 8		
❷ 15 : 20		
❸ 105 대 49		
❹ 17 대 51		
❺ 24와 17의 비		
❻ 28 대 40		
❼ 25에 대한 12의 비		
❽ 108에 대한 96의 비		
❾ 5의 9에 대한 비		
❿ 3의 125에 대한 비		

자기 점수에 ○표 하세요

✎ 비율을 기약분수와 소수, 백분율로 나타내세요.

비 〵 비율	분수	소수	백분율
❶ 40 : 50			
❷ 51 : 68			
❸ 6 대 3			
❹ 17 대 34			
❺ 16과 64의 비			
❻ 51과 75의 비			
❼ 50에 대한 35의 비			
❽ 120에 대한 105의 비			
❾ 30의 125에 대한 비			
❿ 13의 40에 대한 비			

자기 점수에 ○표 하세요

맞힌 개수	5개 이하	6~7개	8~9개	10개
학습 방법	개념을 다시 공부하세요.	조금 더 노력 하세요.	실수하면 안 돼요.	참 잘했어요.

110단계 **131**

✏️ 비에서 기준량과 비교하는 양을 찾아 쓰세요.

비	기준량	비교하는 양
❶ 6 : 13		
❷ 81 : 27		
❸ 25 대 75		
❹ 50 대 48		
❺ 6과 42의 비		
❻ 19 대 38		
❼ 17에 대한 51의 비		
❽ 125에 대한 25의 비		
❾ 24의 30에 대한 비		
❿ 15의 90에 대한 비		

자기 점수에 ○표 하세요

맞힌 개수	5개 이하	6~7개	8~9개	10개
학습 방법	개념을 다시 공부하세요	조금 더 노력 하세요	실수하면 안 돼요	참 잘했어요

✎ 비율을 기약분수와 소수, 백분율로 나타내세요.

비＼비율	분수	소수	백분율
❶ 3 : 5			
❷ 12 : 100			
❸ 4 대 8			
❹ 15 대 24			
❺ 35와 100의 비			
❻ 19와 76의 비			
❼ 25에 대한 5의 비			
❽ 625에 대한 100의 비			
❾ 60의 75에 대한 비			
❿ 49의 98에 대한 비			

자기 점수에 ◯표 하세요

맞힌 개수	5개 이하	6~7개	8~9개	10개
학습 방법	개념을 다시 공부하세요.	조금 더 노력 하세요.	실수하면 안 돼요.	참 잘했어요.

110단계 **133**

♨ 정답 55쪽

✏ 다음을 계산하여 기약분수로 나타내세요.

① $\dfrac{3}{8}÷6=$

② $\dfrac{22}{9}÷4=$

③ $1\dfrac{2}{7}÷3=$

④ $2\dfrac{2}{3}÷10=$

✏ 다음 나눗셈을 완전히 나누어떨어질 때까지 계산하세요.

⑤
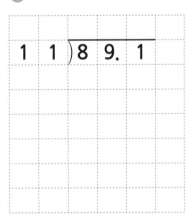

⑥
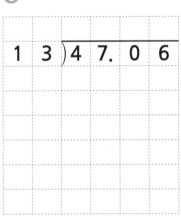

⑦
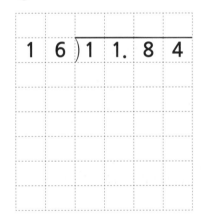

⑧
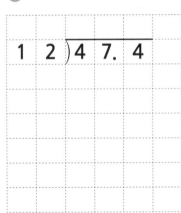

⑨
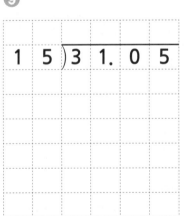

⑩
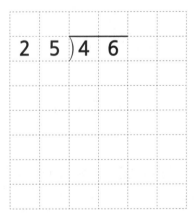

비례식으로 지구 둘레 구하기

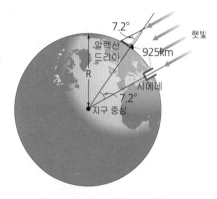

여러분은 지구의 둘레를 잴 수 있나요?

긴 줄자를 들고 지구를 한 바퀴 돌면 잴 수 있을까요?

지구 둘레를 맨 처음으로 계산한 사람은 지금으로부터 약 2,200년 전에 살았던 그리스의 수학자이자 천문학자인 에라토스테네스입니다. 아테네에 살다가 이집트로 옮겨 가 알렉산드리아의 도서관을 책임지고 있던 그는 어느 날 책을 읽다가 한 가지 흥미로운 사실을 알게 되었습니다.

이집트 시에네에서 하짓날 정오가 되면 햇빛이 깊은 우물 속까지 비친다는 사실이었어요. 하짓날 정오에는 해가 머리 바로 위에서 수직으로 비추어서 땅에 막대를 수직으로 세우면 그림자가 생기지 않기 때문입니다. 그러나 같은 시각에 시에네로부터 약 5,000스타디아(약 925km) 떨어져 있는 알렉산드리아에서 땅에 수직으로 막대를 세워, 막대와 막대 그림자의 끝이 이루는 각의 크기를 쟀더니 약 7.2도였습니다.

이 두 도시는 거의 같은 자오선 위에 있어서 그림처럼 막대와 그림자가 이루는 각은 두 도시 사이의 거리에 대한 지구의 중심각과 같습니다. 따라서 지구 둘레의 길이를 x라 하면 다음과 같은 비례식을 쓸 수 있습니다.

$$7.2도 : 360도 = 5,000스타디아 : x$$

우리가 배운 비례식의 성질, '외항의 곱과 내항의 곱은 같다'를 이용해서 x를 구하면 25만 스타디아입니다. 지금의 단위로 환산하면 약 4만 6000킬로미터입니다. 오늘날 정밀한 과학 기구로 측정한 값이 약 4만 킬로미터인데, 2,200년 전 막대 하나만으로 오늘날과 비슷하게 지구의 둘레를 구했다는 것이 참으로 대단합니다.

비례식으로 지구 둘레를 잴 수 있다니, 멋지지 않나요?

우와~ 벌써 한 권을 다 풀었어요!
실력과 성적이 쑥쑥 올라가는 소리 들리죠?

《계산의 신》 12권에서는 분수의 나눗셈과 소수의 나눗셈을 마무리
할 거예요. 그럼 12권을 시작해 볼까요?^^

친구들,
《계산의 신》 12권에서
만나요~

개발 책임 이운영
편집 관리 이채원
디자인 이현지 임성자
온라인 강진식
마케팅 박진용
관리 장희정
용지 영지페이퍼
인쇄 제본 벽호·GKC
유통 북앤북

학부모 체험단의 교재 Review

강현아 (서울_신중초)   김명진 (서울_신도초)   김정선 (원주_문막초)   김진영 (서울_백운초)
나현경 (인천_원당초)   방윤정 (서울_강서초)   안조혁 (전주_온빛초)   오정화 (광주_양산초)
이향숙 (서울_금양초)   이혜선 (서울_홍파초)   전예원 (서울_금양초)

♥ <계산의 신>은 초등학교 학생들의 기본 계산력을 향상시킬 수 있는 최적의 교재입니다. 처음에는 반복 계산이 많아 아이가 지루해하고 계산 실수를 많이 하는 것 같았는데, 점점 계산 속도가 빨라지고 실수도 확연히 줄어 아주 좋았어요.^^

— 서울 서초구 신중초등학교 학부모 강현아

♥ 우리 아이는 수학을 싫어해서 수학 문제집을 좀처럼 풀지 않으려 했는데, 의외로 <계산의 신>은 하루에 2쪽씩 꾸준히 푸네요. 너무 신기하고 뿌듯하여 아이에게 물었더니 "이 책은 숫자만 있어서 쉬운 것 같고, 빨리빨리 풀 수 있어서 좋아요." 라고 하네요. 요즘은 일반 문제집도 집중하여 잘 푸는 것 같아 기특합니다.^^ <계산의 신>은 우리 아이에게 수학에 대한 흥미와 재미를 주는 고마운 책입니다.

— 전주 덕진구 온빛초등학교 학부모 안조혁

♥ 초등 3학년인 우리 아이는 수학을 잘하는 편은 아니지만 제 나름대로 하루에 4~6쪽을 풀었어요. 그러면서 "엄마, 이 책 다 풀고 책 제목처럼 계산의 신이 될 거예요~" 하며 능청떠는 아이의 모습이 정말 예쁘고 대견하네요. <계산의 신>이 비록 계산력을 연습시키는 쉬운 교재이지만 이 교재로 인해 우리 아이가 수학에 관심을 갖고, 앞으로도 수학을 계속 좋아했으면 하는 바람입니다.

— 광주 북구 양산초등학교 학부모 오정화

♥ <계산의 신>은 학부모의 마음까지 헤아려 만든 좋은 책인 것 같아요. 아이가 평소 '시간의 합과 차'를 어려워하여 걱정을 많이 했었는데, <계산의 신>은 그 부분까지 상세하게 다루고 있어 무척 좋았어요. 학생들이 힘들어하는 부분까지 세심하게 파악하여 만든 문제집이라고 생각해요.

— 서울 용산구 금양초등학교 학부모 이향숙

《계산의 신》은

★ 최신 교육과정에 맞춘 단계별 계산 프로그램으로 계산법 완벽 습득
★ '단계별 묶어 풀기', '전체 묶어 풀기'로 체계적 복습까지 한 번에!
★ 좌뇌와 우뇌를 고르게 계발하는 수학 이야기와 수학 퀴즈로 창의성 쑥쑥!

아이들이 수학 문제를 풀 때 자꾸 실수하는 이유는 바로 계산력이 부족하기 때문입니다.
계산 문제에서 실수를 줄이면 점수가 오르고, 점수가 오르면 수학에 자신감이 생깁니다.
아이들에게 《계산의 신》으로 수학의 재미와 자신감을 심어 주세요.

			《계산의 신》 권별 핵심 내용	
초등 1학년	1권	자연수의 덧셈과 뺄셈 기본(1)	합과 차가 9까지인 덧셈과 뺄셈 받아올림/내림이 없는 (두 자리 수)±(한 자리 수)	
	2권	자연수의 덧셈과 뺄셈 기본(2)	받아올림/내림이 없는 (두 자리 수)±(두 자리 수) 받아올림/내림이 있는 (한/두 자리 수)±(한 자리 수)	
초등 2학년	3권	자연수의 덧셈과 뺄셈 발전	(두 자리 수)±(한 자리 수) (두 자리 수)±(두 자리 수)	
	4권	네 자리 수/곱셈구구	네 자리 수 곱셈구구	
초등 3학년	5권	자연수의 덧셈과 뺄셈/곱셈과 나눗셈	(세 자리 수)±(세 자리 수), (두 자리 수)×(한 자리 수) 곱셈구구 범위에서의 나눗셈	
	6권	자연수의 곱셈과 나눗셈 발전	(세 자리 수)×(한 자리 수), (두 자리 수)×(두 자리 수) (두/세 자리 수)÷(한 자리 수)	
초등 4학년	7권	자연수의 곱셈과 나눗셈 심화	(세 자리 수)×(두 자리 수) (두/세 자리 수)÷(두 자리 수)	
	8권	분수와 소수의 덧셈과 뺄셈 기본	분모가 같은 분수의 덧셈과 뺄셈 소수의 덧셈과 뺄셈	
초등 5학년	9권	자연수의 혼합 계산/분수의 덧셈과 뺄셈	자연수의 혼합 계산, 약수와 배수, 약분과 통분 분모가 다른 분수의 덧셈과 뺄셈	
	10권	분수와 소수의 곱셈	(분수)×(자연수), (분수)×(분수) (소수)×(자연수), (소수)×(소수)	
초등 6학년	11권	분수와 소수의 나눗셈 기본	(분수)÷(자연수), (소수)÷(자연수) (자연수)÷(자연수)	
	12권	분수와 소수의 나눗셈 발전	(분수)÷(분수), (자연수)÷(분수), (소수)÷(소수), (자연수)÷(소수), 비례식과 비례배분	

계산의 신 神

송명진·박종하 지음

11 초등 · 6-1

분수와 소수의
나눗셈 기본

정답 및 풀이

KAIST 출신 수학 선생님들이 집필한

계산의 신 神

송명진·박종하 지음

11

초등
6학년 1학기

정답 및 풀이

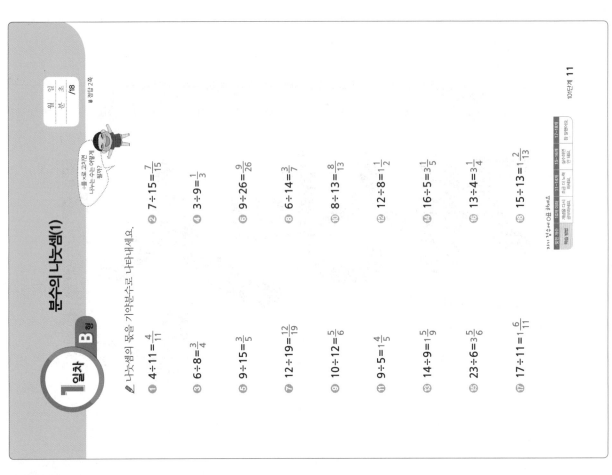

B형 1일차

분수의 나눗셈(1)

÷를 ×로 고치면 나누는 수는 어떻게 될까?

나눗셈의 몫을 기약분수로 나타내세요.

① $4÷11=\dfrac{4}{11}$　② $7÷15=\dfrac{7}{15}$

③ $6÷8=\dfrac{3}{4}$　④ $3÷9=\dfrac{1}{3}$

⑤ $9÷15=\dfrac{3}{5}$　⑥ $9÷26=\dfrac{9}{26}$

⑦ $12÷19=\dfrac{12}{19}$　⑧ $6÷14=\dfrac{3}{7}$

⑨ $10÷12=\dfrac{5}{6}$　⑩ $8÷13=\dfrac{8}{13}$

⑪ $9÷5=1\dfrac{4}{5}$　⑫ $12÷8=1\dfrac{1}{2}$

⑬ $14÷9=1\dfrac{5}{9}$　⑭ $16÷5=3\dfrac{1}{5}$

⑮ $23÷6=3\dfrac{5}{6}$　⑯ $13÷4=3\dfrac{1}{4}$

⑰ $17÷11=1\dfrac{6}{11}$　⑱ $15÷13=1\dfrac{2}{13}$

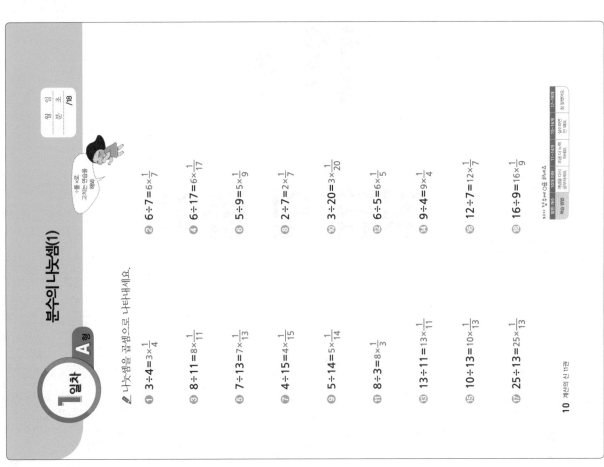

A형 1일차

분수의 나눗셈(1)

÷를 ×로 고치는 연습을 해봐!

나눗셈을 곱셈으로 나타내세요.

① $3÷4=3×\dfrac{1}{4}$　② $6÷7=6×\dfrac{1}{7}$

③ $8÷11=8×\dfrac{1}{11}$　④ $6÷17=6×\dfrac{1}{17}$

⑤ $7÷13=7×\dfrac{1}{13}$　⑥ $5÷9=5×\dfrac{1}{9}$

⑦ $4÷15=4×\dfrac{1}{15}$　⑧ $2÷7=2×\dfrac{1}{7}$

⑨ $5÷14=5×\dfrac{1}{14}$　⑩ $3÷20=3×\dfrac{1}{20}$

⑪ $8÷3=8×\dfrac{1}{3}$　⑫ $6÷5=6×\dfrac{1}{5}$

⑬ $13÷11=13×\dfrac{1}{11}$　⑭ $9÷4=9×\dfrac{1}{4}$

⑮ $10÷13=10×\dfrac{1}{13}$　⑯ $12÷7=12×\dfrac{1}{7}$

⑰ $25÷13=25×\dfrac{1}{13}$　⑱ $16÷9=16×\dfrac{1}{9}$

2일차 B형

분수의 나눗셈(1)

나눗셈의 몫을 기약분수로 나타내세요.

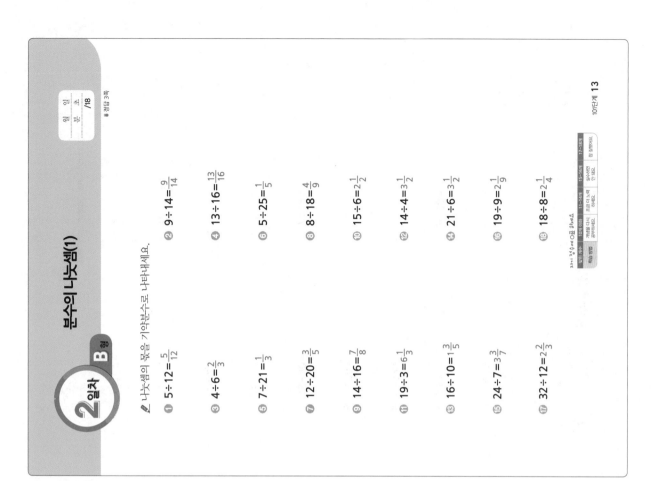

① $5 \div 12 = \frac{5}{12}$
② $9 \div 14 = \frac{9}{14}$
③ $4 \div 6 = \frac{2}{3}$
④ $13 \div 16 = \frac{13}{16}$
⑤ $7 \div 21 = \frac{1}{3}$
⑥ $5 \div 25 = \frac{1}{5}$
⑦ $12 \div 20 = \frac{3}{5}$
⑧ $8 \div 18 = \frac{4}{9}$
⑨ $14 \div 16 = \frac{7}{8}$
⑩ $15 \div 6 = 2\frac{1}{2}$
⑪ $19 \div 3 = 6\frac{1}{3}$
⑫ $14 \div 4 = 3\frac{1}{2}$
⑬ $16 \div 10 = 1\frac{3}{5}$
⑭ $21 \div 6 = 3\frac{1}{2}$
⑮ $24 \div 7 = 3\frac{3}{7}$
⑯ $19 \div 9 = 2\frac{1}{9}$
⑰ $32 \div 12 = 2\frac{2}{3}$
⑱ $18 \div 8 = 2\frac{1}{4}$

2일차 A형

분수의 나눗셈(1)

나눗셈을 곱셈으로 나타내세요.

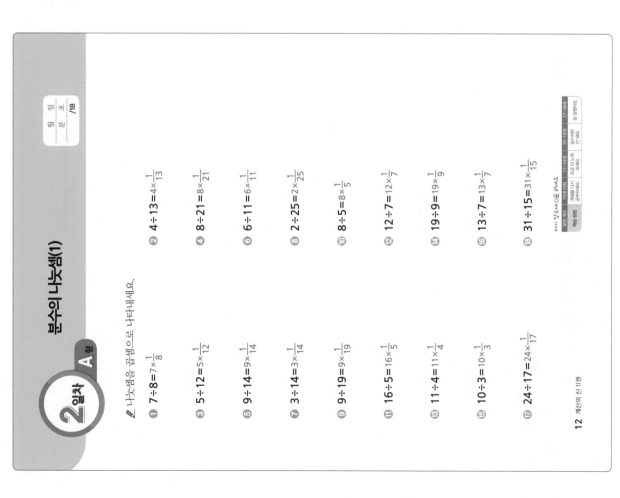

① $7 \div 8 = 7 \times \frac{1}{8}$
② $4 \div 13 = 4 \times \frac{1}{13}$
③ $5 \div 12 = 5 \times \frac{1}{12}$
④ $8 \div 21 = 8 \times \frac{1}{21}$
⑤ $9 \div 14 = 9 \times \frac{1}{14}$
⑥ $6 \div 11 = 6 \times \frac{1}{11}$
⑦ $3 \div 14 = 3 \times \frac{1}{14}$
⑧ $2 \div 25 = 2 \times \frac{1}{25}$
⑨ $9 \div 19 = 9 \times \frac{1}{19}$
⑩ $8 \div 5 = 8 \times \frac{1}{5}$
⑪ $16 \div 5 = 16 \times \frac{1}{5}$
⑫ $12 \div 7 = 12 \times \frac{1}{7}$
⑬ $11 \div 4 = 11 \times \frac{1}{4}$
⑭ $19 \div 9 = 19 \times \frac{1}{9}$
⑮ $10 \div 3 = 10 \times \frac{1}{3}$
⑯ $13 \div 7 = 13 \times \frac{1}{7}$
⑰ $24 \div 17 = 24 \times \frac{1}{17}$
⑱ $31 \div 15 = 31 \times \frac{1}{15}$

3일차 A형

분수의 나눗셈(1)

✎ 나눗셈을 곱셈으로 나타내세요.

① $9 \div 15 = 9 \times \frac{1}{15}$

② $2 \div 15 = 2 \times \frac{1}{15}$

③ $6 \div 13 = 6 \times \frac{1}{13}$

④ $9 \div 22 = 9 \times \frac{1}{22}$

⑤ $5 \div 8 = 5 \times \frac{1}{8}$

⑥ $16 \div 31 = 16 \times \frac{1}{31}$

⑦ $13 \div 15 = 13 \times \frac{1}{15}$

⑧ $9 \div 12 = 9 \times \frac{1}{12}$

⑨ $8 \div 17 = 8 \times \frac{1}{17}$

⑩ $15 \div 2 = 15 \times \frac{1}{2}$

⑪ $13 \div 7 = 13 \times \frac{1}{7}$

⑫ $11 \div 10 = 11 \times \frac{1}{10}$

⑬ $14 \div 9 = 14 \times \frac{1}{9}$

⑭ $29 \div 15 = 29 \times \frac{1}{15}$

⑮ $16 \div 3 = 16 \times \frac{1}{3}$

⑯ $32 \div 17 = 32 \times \frac{1}{17}$

⑰ $15 \div 13 = 15 \times \frac{1}{13}$

⑱ $26 \div 5 = 26 \times \frac{1}{5}$

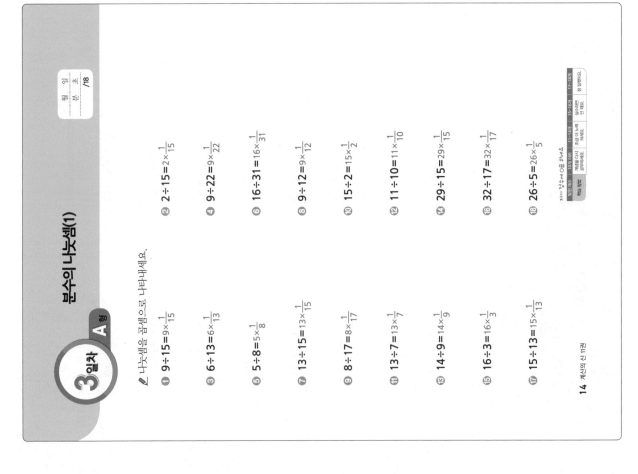

3일차 B형

분수의 나눗셈(1)

✎ 나눗셈의 몫을 기약분수로 나타내세요.

① $15 \div 16 = \frac{15}{16}$

② $6 \div 17 = \frac{6}{17}$

③ $3 \div 11 = \frac{3}{11}$

④ $9 \div 16 = \frac{9}{16}$

⑤ $5 \div 13 = \frac{5}{13}$

⑥ $4 \div 9 = \frac{4}{9}$

⑦ $8 \div 20 = \frac{2}{5}$

⑧ $14 \div 20 = \frac{7}{10}$

⑨ $15 \div 40 = \frac{3}{8}$

⑩ $7 \div 2 = 3\frac{1}{2}$

⑪ $13 \div 4 = 3\frac{1}{4}$

⑫ $18 \div 15 = 1\frac{1}{5}$

⑬ $10 \div 4 = 2\frac{1}{2}$

⑭ $16 \div 12 = 1\frac{1}{3}$

⑮ $18 \div 12 = 1\frac{1}{2}$

⑯ $32 \div 10 = 3\frac{1}{5}$

⑰ $22 \div 19 = 1\frac{3}{19}$

⑱ $33 \div 17 = 1\frac{16}{17}$

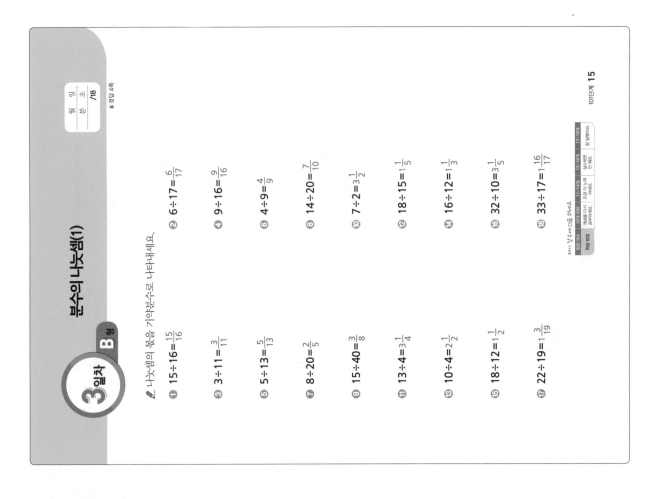

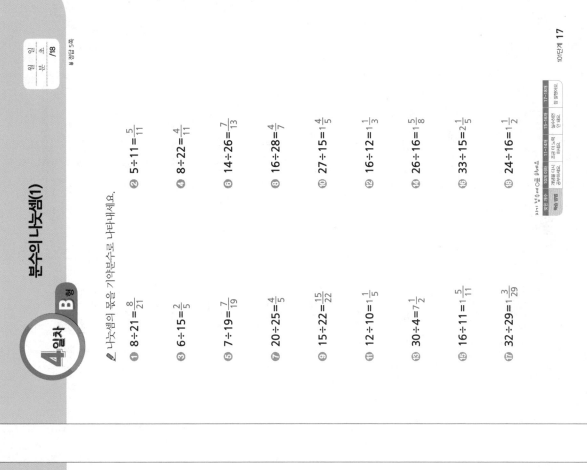

4일차 A형 분수의 나눗셈(1)

나눗셈을 곱셈으로 나타내세요.

① $7÷9=7×\frac{1}{9}$

② $3÷14=3×\frac{1}{14}$

③ $9÷23=9×\frac{1}{23}$

④ $5÷12=5×\frac{1}{12}$

⑤ $15÷28=15×\frac{1}{28}$

⑥ $11÷21=11×\frac{1}{21}$

⑦ $17÷25=17×\frac{1}{25}$

⑧ $16÷19=16×\frac{1}{19}$

⑨ $24÷43=24×\frac{1}{43}$

⑩ $17÷5=17×\frac{1}{5}$

⑪ $14÷5=14×\frac{1}{5}$

⑫ $23÷12=23×\frac{1}{12}$

⑬ $29÷16=29×\frac{1}{16}$

⑭ $32÷11=32×\frac{1}{11}$

⑮ $15÷13=15×\frac{1}{13}$

⑯ $27÷8=27×\frac{1}{8}$

⑰ $16÷3=16×\frac{1}{3}$

⑱ $36÷15=36×\frac{1}{15}$

4일차 B형 분수의 나눗셈(1)

나눗셈의 몫을 기약분수로 나타내세요.

① $8÷21=\frac{8}{21}$

② $5÷11=\frac{5}{11}$

③ $6÷15=\frac{2}{5}$

④ $8÷22=\frac{4}{11}$

⑤ $7÷19=\frac{7}{19}$

⑥ $14÷26=\frac{7}{13}$

⑦ $20÷25=\frac{4}{5}$

⑧ $16÷28=\frac{4}{7}$

⑨ $15÷22=\frac{15}{22}$

⑩ $27÷15=1\frac{4}{5}$

⑪ $12÷10=1\frac{1}{5}$

⑫ $16÷12=1\frac{1}{3}$

⑬ $30÷4=7\frac{1}{2}$

⑭ $26÷16=1\frac{5}{8}$

⑮ $16÷11=1\frac{5}{11}$

⑯ $33÷15=2\frac{1}{5}$

⑰ $32÷29=1\frac{3}{29}$

⑱ $24÷16=1\frac{1}{2}$

5일차 A형 분수의 나눗셈(1)

나눗셈을 곱셈으로 나타내세요.

① $17 \div 19 = 17 \times \frac{1}{19}$

② $13 \div 18 = 13 \times \frac{1}{18}$

③ $5 \div 12 = 5 \times \frac{1}{12}$

④ $7 \div 15 = 7 \times \frac{1}{15}$

⑤ $6 \div 17 = 6 \times \frac{1}{17}$

⑥ $13 \div 17 = 13 \times \frac{1}{17}$

⑦ $15 \div 26 = 15 \times \frac{1}{26}$

⑧ $11 \div 15 = 11 \times \frac{1}{15}$

⑨ $22 \div 23 = 22 \times \frac{1}{23}$

⑩ $27 \div 8 = 27 \times \frac{1}{8}$

⑪ $16 \div 7 = 16 \times \frac{1}{7}$

⑫ $13 \div 3 = 13 \times \frac{1}{3}$

⑬ $30 \div 11 = 30 \times \frac{1}{11}$

⑭ $31 \div 16 = 31 \times \frac{1}{16}$

⑮ $17 \div 12 = 17 \times \frac{1}{12}$

⑯ $37 \div 25 = 37 \times \frac{1}{25}$

⑰ $14 \div 9 = 14 \times \frac{1}{9}$

⑱ $26 \div 11 = 26 \times \frac{1}{11}$

5일차 B형 분수의 나눗셈(1)

이번 단계에서는 ÷를 ×로 고쳐서 계산하는 방법에 대해 배웠습니다.
다음 단계에서는 본격적인 분수의 나눗셈을 시작합니다.

나눗셈의 몫을 기약분수로 나타내세요.

① $7 \div 20 = \frac{7}{20}$

② $15 \div 21 = \frac{5}{7}$

③ $16 \div 30 = \frac{8}{15}$

④ $6 \div 19 = \frac{6}{19}$

⑤ $8 \div 14 = \frac{4}{7}$

⑥ $12 \div 31 = \frac{12}{31}$

⑦ $24 \div 26 = \frac{12}{13}$

⑧ $15 \div 27 = \frac{5}{9}$

⑨ $12 \div 25 = \frac{12}{25}$

⑩ $24 \div 18 = 1\frac{1}{3}$

⑪ $17 \div 9 = 1\frac{8}{9}$

⑫ $13 \div 10 = 1\frac{3}{10}$

⑬ $32 \div 6 = 5\frac{1}{3}$

⑭ $23 \div 14 = 1\frac{9}{14}$

⑮ $27 \div 15 = 1\frac{4}{5}$

⑯ $36 \div 24 = 1\frac{1}{2}$

⑰ $30 \div 17 = 1\frac{13}{17}$

⑱ $26 \div 8 = 3\frac{1}{4}$

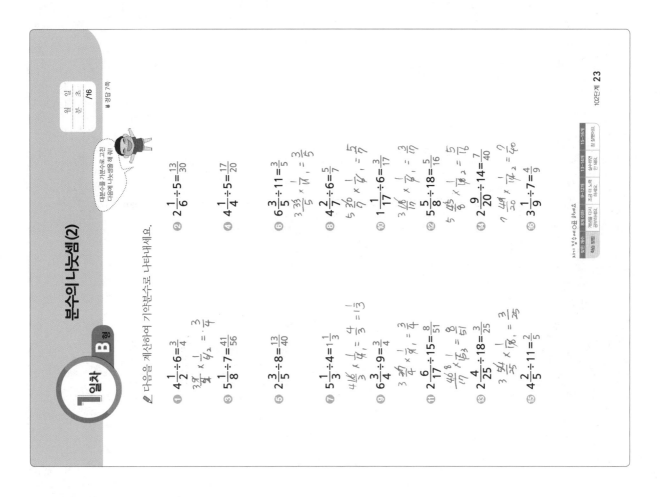

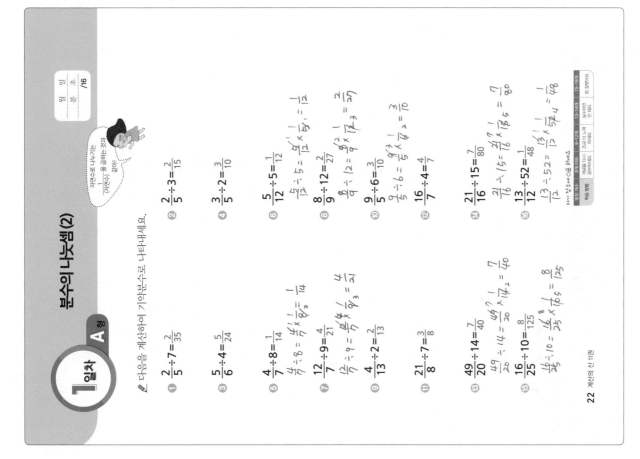

계산의 신 11권 **7**

22 계산의 신 11권

10단계 23

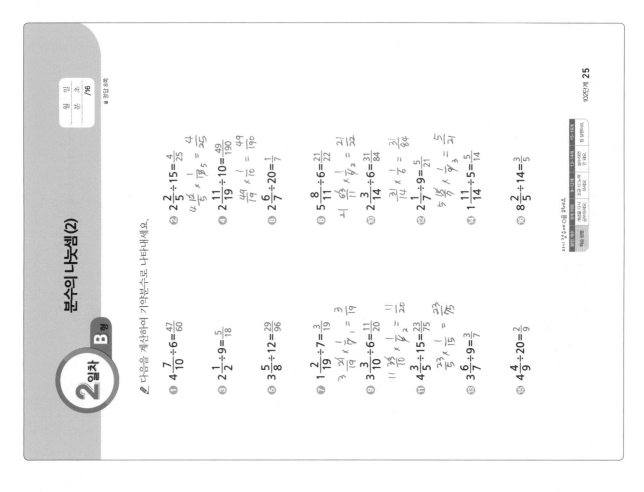

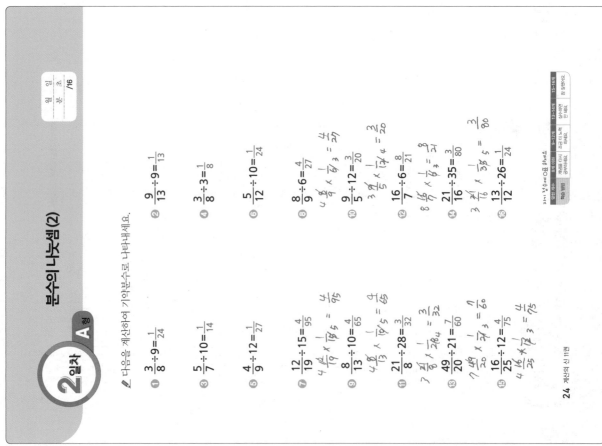

3일차 B형 분수의 나눗셈(2)

다음을 계산하여 기약분수로 나타내세요.

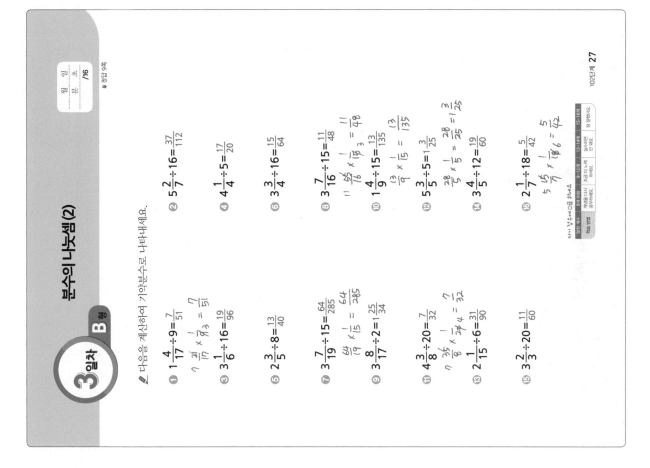

① $1\frac{4}{17} \div 9 = \frac{7}{51}$
② $5\frac{2}{7} \div 16 = \frac{37}{112}$
③ $3\frac{1}{6} \div 16 = \frac{19}{96}$
④ $4\frac{1}{4} \div 5 = \frac{17}{20}$
⑤ $2\frac{3}{5} \div 8 = \frac{13}{40}$
⑥ $3\frac{3}{4} \div 16 = \frac{15}{64}$
⑦ $3\frac{7}{19} \div 15 = \frac{64}{285}$
⑧ $3\frac{7}{16} \div 15 = \frac{11}{48}$
⑨ $3\frac{8}{17} \div 2 = 1\frac{25}{34}$
⑩ $1\frac{4}{9} \div 15 = \frac{13}{135}$
⑪ $4\frac{3}{8} \div 20 = \frac{7}{32}$
⑫ $5\frac{3}{5} \div 5 = 1\frac{3}{25}$
⑬ $2\frac{1}{15} \div 6 = \frac{31}{90}$
⑭ $3\frac{4}{5} \div 12 = \frac{19}{60}$
⑮ $3\frac{2}{3} \div 20 = \frac{11}{60}$
⑯ $2\frac{1}{7} \div 18 = \frac{5}{42}$

3일차 A형 분수의 나눗셈(2)

다음을 계산하여 기약분수로 나타내세요.

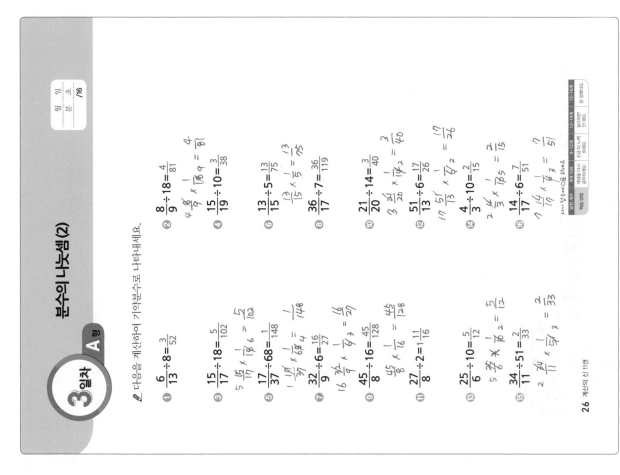

① $\frac{6}{13} \div 8 = \frac{3}{52}$
② $\frac{8}{9} \div 18 = \frac{4}{81}$
③ $\frac{15}{17} \div 18 = \frac{5}{102}$
④ $\frac{15}{19} \div 10 = \frac{3}{38}$
⑤ $\frac{17}{37} \div 68 = \frac{1}{148}$
⑥ $\frac{13}{15} \div 5 = \frac{13}{75}$
⑦ $\frac{32}{9} \div 6 = \frac{16}{27}$
⑧ $\frac{36}{17} \div 7 = \frac{36}{119}$
⑨ $\frac{45}{8} \div 16 = \frac{45}{128}$
⑩ $\frac{21}{20} \div 14 = \frac{3}{40}$
⑪ $\frac{27}{8} \div 2 = 1\frac{11}{16}$
⑫ $\frac{51}{13} \div 6 = \frac{17}{26}$
⑬ $\frac{25}{6} \div 10 = \frac{5}{12}$
⑭ $\frac{4}{3} \div 10 = \frac{2}{15}$
⑮ $\frac{34}{11} \div 51 = \frac{2}{33}$
⑯ $\frac{14}{17} \div 6 = \frac{7}{51}$

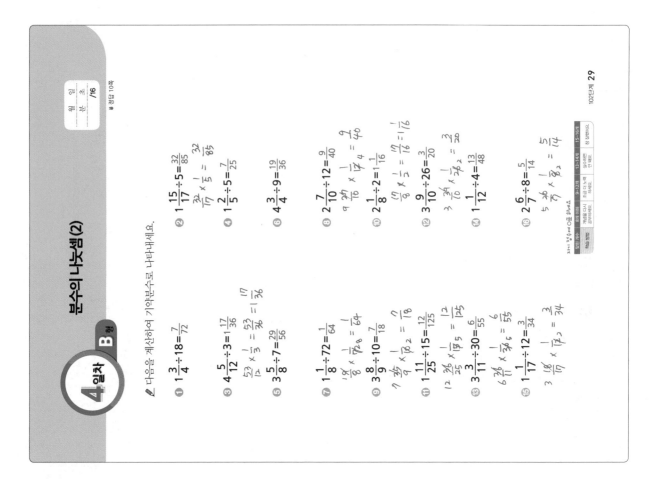

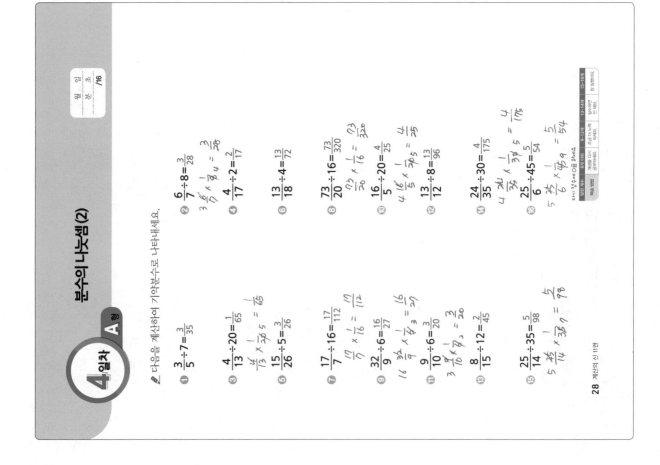

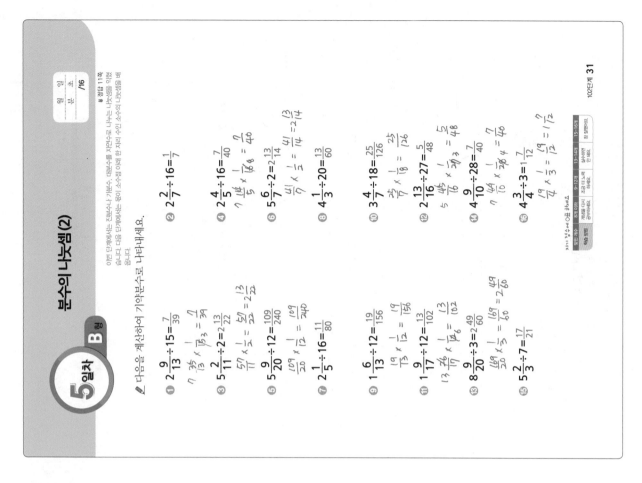

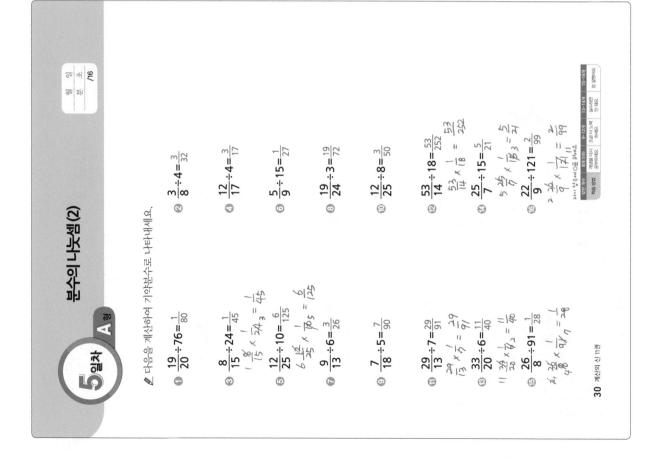

소수의 나눗셈(1)

1 일차 B형

월 일
분 초 /9

※ 정답 12쪽

몫의 소수점 자리는 나누어지는 수의 소수점 위치와 같아.

✎ 다음 나눗셈을 완전히 나누어 떨어질 때까지 계산하세요.

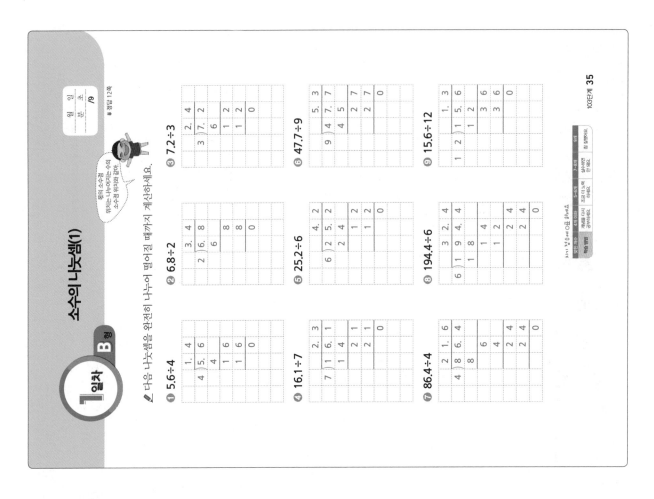

❶ 5.6÷4 ❷ 6.8÷2 ❸ 7.2÷3
❹ 16.1÷7 ❺ 25.2÷6 ❻ 47.7÷9
❼ 86.4÷4 ❽ 194.4÷6 ❾ 15.6÷12

소수의 나눗셈(1)

1 일차 A형

월 일
분 초 /9

자연수의 나눗셈처럼 계산해봐.

✎ 다음 나눗셈을 완전히 나누어 떨어질 때까지 계산하세요.

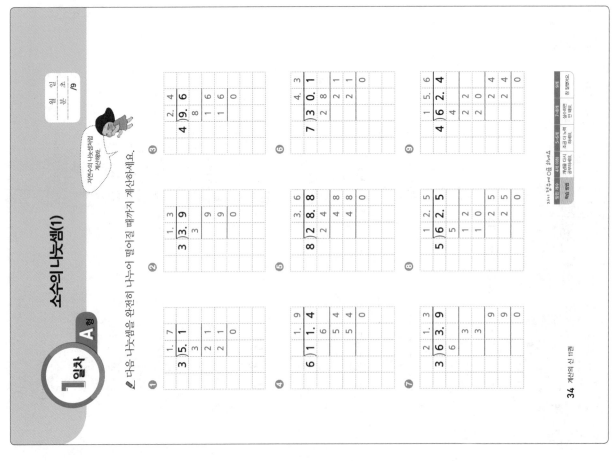

2일차 A형

소수의 나눗셈(1)

월 일
분 초 /9

다음 나눗셈을 완전히 나누어 떨어질 때까지 계산하세요.

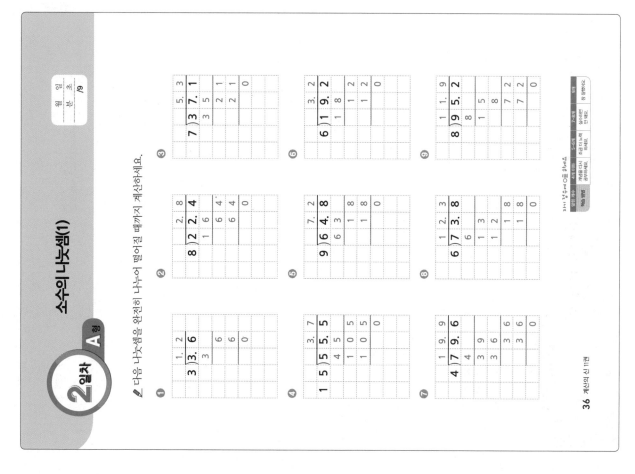

❶ 3)3.6
❷ 8)22.4
❸ 7)37.1
❹ 15)55.5
❺ 9)64.8
❻ 6)19.2
❼ 4)79.6
❽ 6)73.8
❾ 8)95.2

2일차 B형

소수의 나눗셈(1)

월 일
분 초 /9
※정답 13쪽

다음 나눗셈을 완전히 나누어 떨어질 때까지 계산하세요.

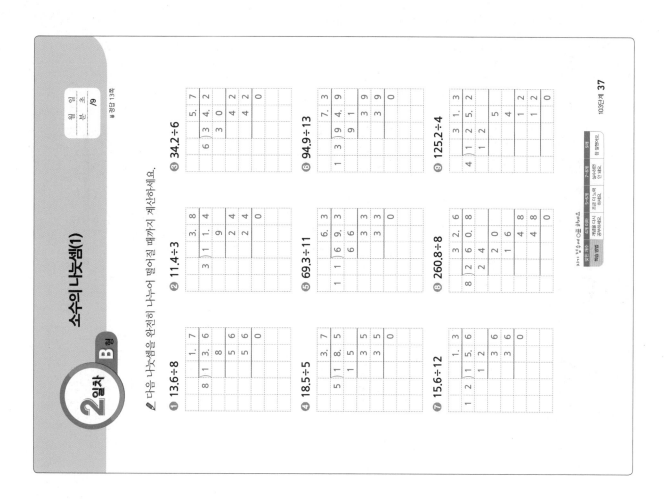

❶ 13.6÷8
❷ 11.4÷3
❸ 34.2÷6
❹ 18.5÷5
❺ 69.3÷11
❻ 94.9÷13
❼ 15.6÷12
❽ 260.8÷8
❾ 125.2÷4

3일차 A형 — 소수의 나눗셈(1)

다음 나눗셈을 완전히 나누어 떨어질 때까지 계산하세요.

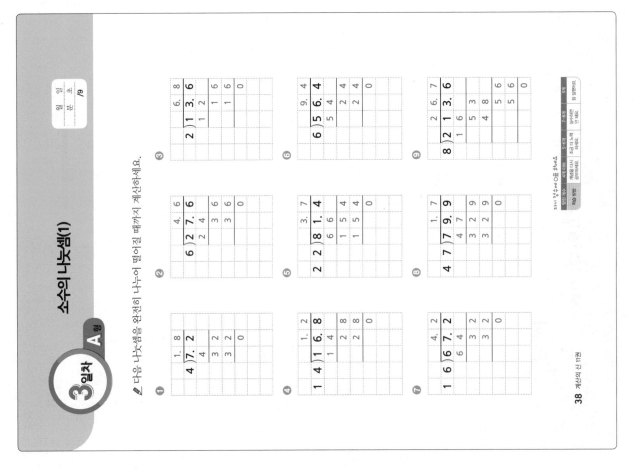

3일차 B형 — 소수의 나눗셈(1)

다음 나눗셈을 완전히 나누어 떨어질 때까지 계산하세요.

① 43.2÷9   ② 37.8÷6   ③ 51.8÷7
④ 66.4÷8   ⑤ 69.6÷12   ⑥ 92.4÷14
⑦ 146.7÷9   ⑧ 77.1÷3   ⑨ 22.8÷12

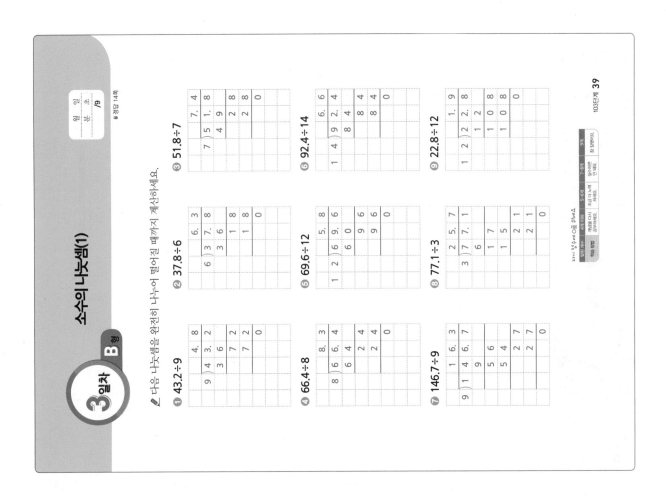

정답 14쪽

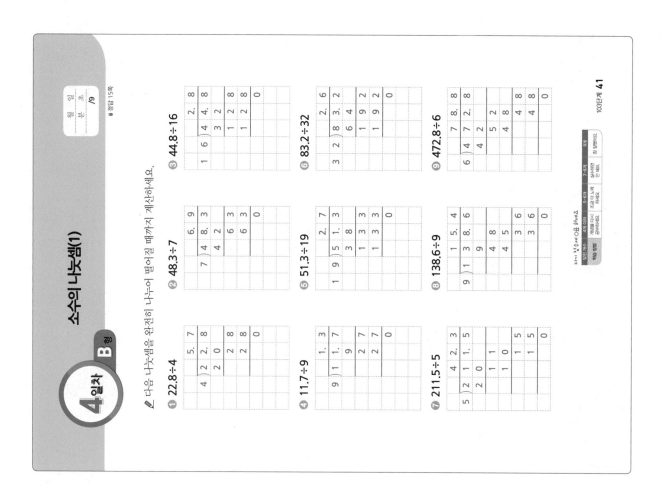

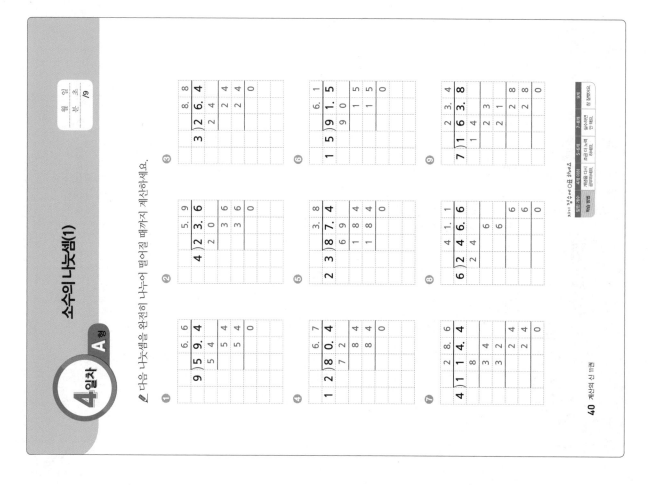

4일차 A형

소수의 나눗셈(1)

다음 나눗셈을 완전히 나누어 떨어질 때까지 계산하세요.

4일차 B형

소수의 나눗셈(1)

다음 나눗셈을 완전히 나누어 떨어질 때까지 계산하세요.

① 22.8÷4
② 48.3÷7
③ 44.8÷16
④ 11.7÷9
⑤ 51.3÷19
⑥ 83.2÷32
⑦ 211.5÷5
⑧ 138.6÷9
⑨ 472.8÷6

103단계 **41**

월 일
분 초
/9

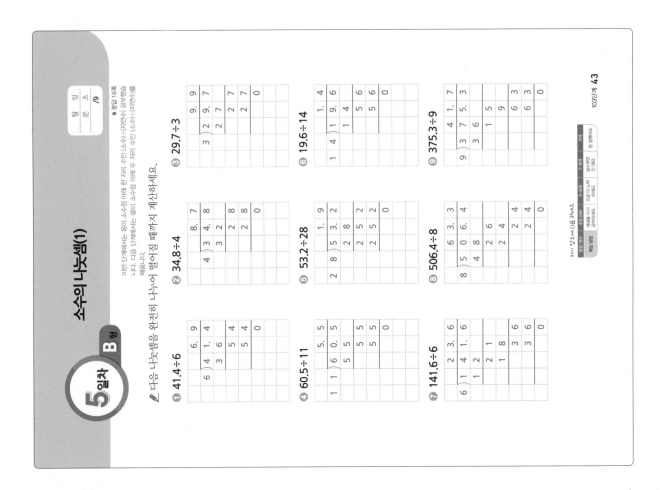

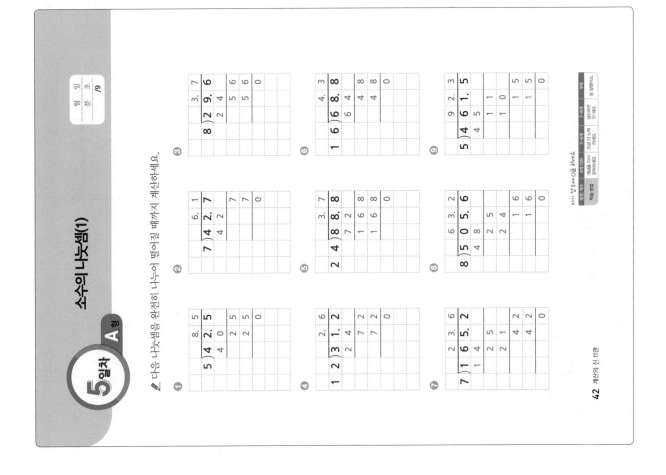

세 단계 묶어 풀기 101~103단계
분수의 나눗셈 · 소수의 나눗셈

정답 17쪽

✐ 나눗셈을 곱셈으로 나타내세요.

① $5 \div 27 = 5 \times \frac{1}{27}$

② $6 \div 32 = 6 \times \frac{1}{32}$

③ $18 \div 19 = 18 \times \frac{1}{19}$

④ $24 \div 13 = 24 \times \frac{1}{13}$

✐ 다음을 계산하여 기약분수로 나타내세요.

⑤ $\frac{5}{6} \div 4 = \frac{5}{24}$

⑥ $\frac{21}{8} \div 7 = \frac{3}{8}$

⑦ $2\frac{2}{5} \div 6 = \frac{2}{5}$

⑧ $1\frac{1}{5} \div 4 = \frac{3}{10}$

✐ 다음 나눗셈을 완전히 나누어떨어질 때까지 계산하세요.

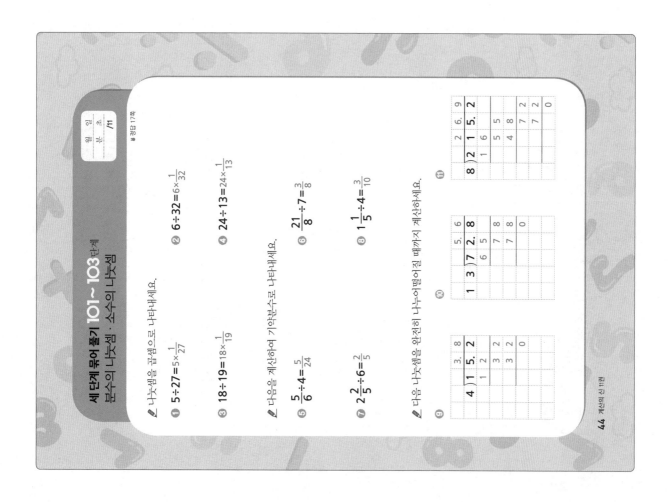

⑨

⑩

⑪

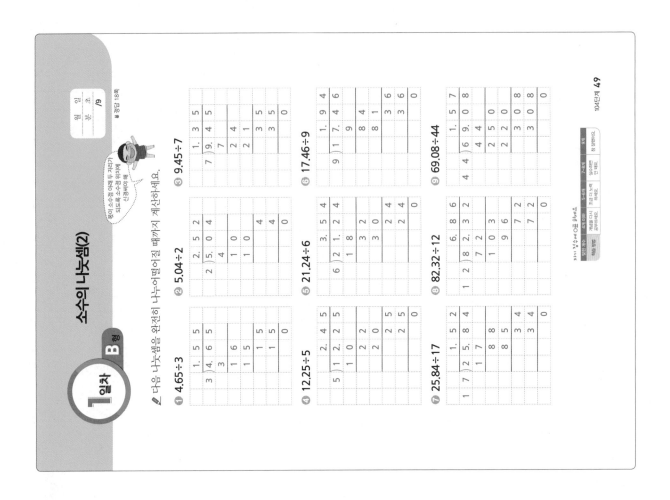

소수의 나눗셈(2)

1일차 B형

다음 나눗셈을 완전히 나누어떨어질 때까지 계산하세요.

윗의 소수점 아래에 두 자리가 되도록 소수점 위치에 신경써야 해.

월 일
분 초
/9

붙임딱지 18쪽

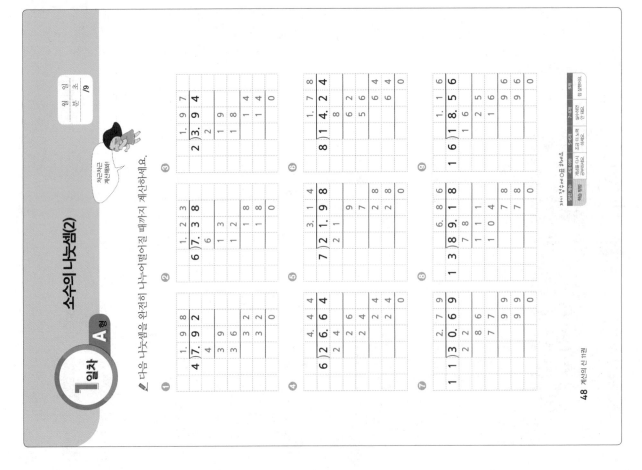

소수의 나눗셈(2)

1일차 A형

다음 나눗셈을 완전히 나누어떨어질 때까지 계산하세요.

차근차근 계산해봐

월 일
분 초
/9

2일차 B형 소수의 나눗셈(2)

✐ 다음 나눗셈을 완전히 나누어떨어질 때까지 계산하세요.

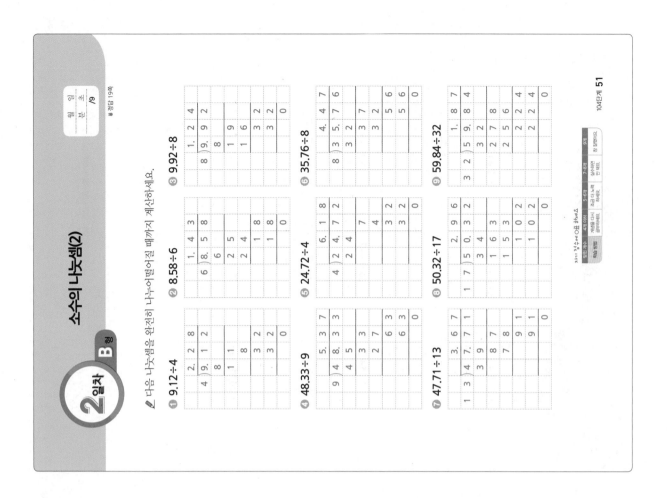

2일차 A형 소수의 나눗셈(2)

✐ 다음 나눗셈을 완전히 나누어떨어질 때까지 계산하세요.

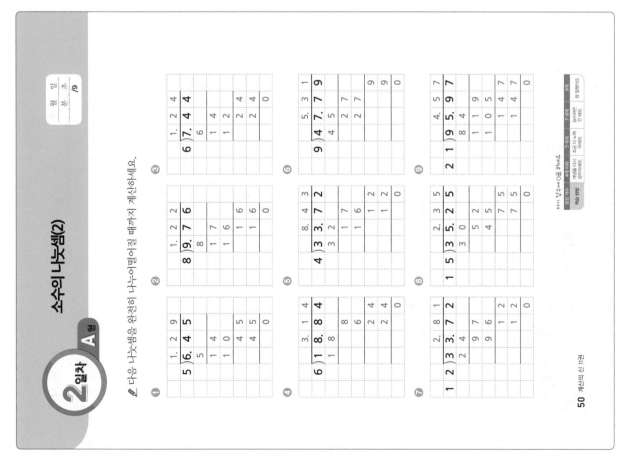

3일차 A형 소수의 나눗셈(2)

다음 나눗셈을 완전히 나누어떨어질 때까지 계산하세요.

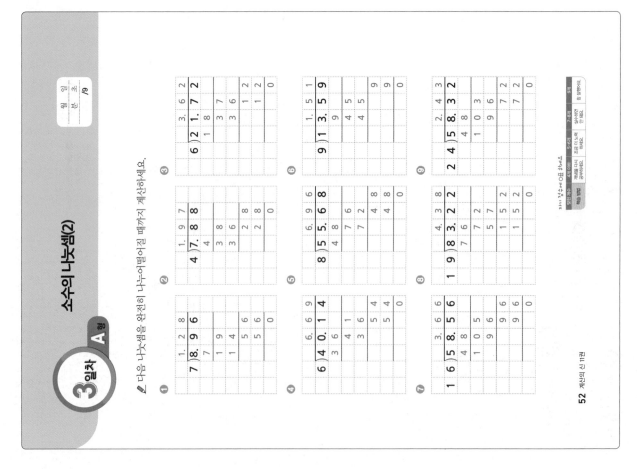

3일차 B형 소수의 나눗셈(2)

다음 나눗셈을 완전히 나누어떨어질 때까지 계산하세요.

① 8.85÷5 ② 8.96÷8 ③ 29.12÷4
④ 34.14÷6 ⑤ 34.86÷7 ⑥ 10.23÷3
⑦ 40.88÷14 ⑧ 78.48÷18 ⑨ 99.09÷27

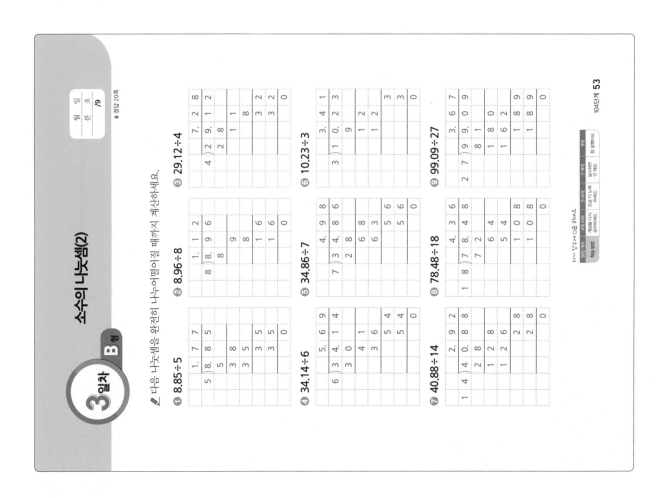

B 공통 · 4일차

소수의 나눗셈(2)

정답 21쪽

월 / 일 / 분 / 초 · /9

✎ 다음 나눗셈을 완전히 나누어떨어질 때까지 계산하세요.

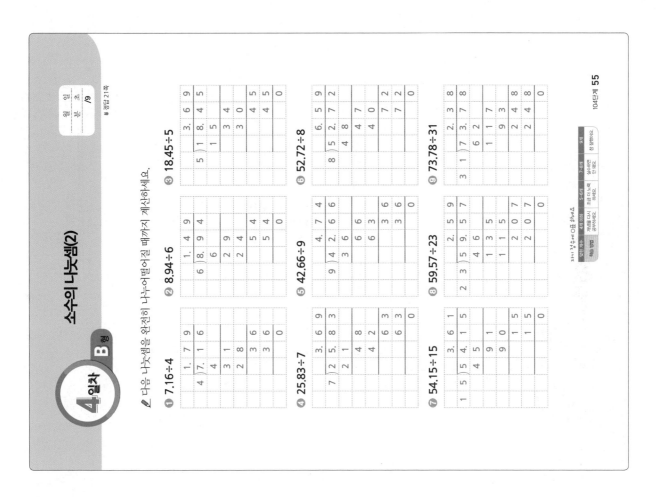

❶ 7.16÷4 ❷ 8.94÷6 ❸ 18.45÷5
❹ 25.83÷7 ❺ 42.66÷9 ❻ 52.72÷8
❼ 54.15÷15 ❽ 59.57÷23 ❾ 73.78÷31

A 공통 · 4일차

소수의 나눗셈(2)

월 / 일 / 분 / 초 · /9

✎ 다음 나눗셈을 완전히 나누어떨어질 때까지 계산하세요.

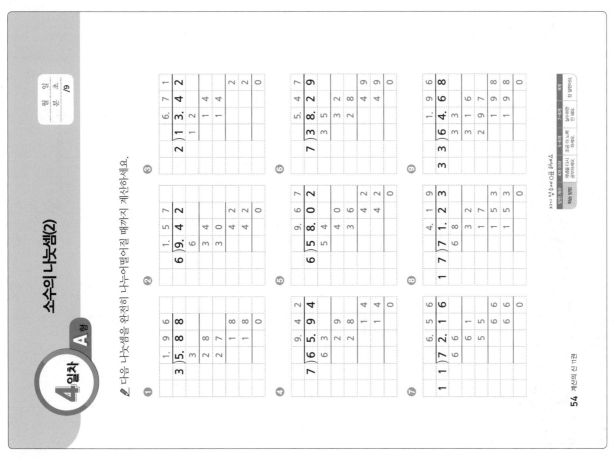

5일차 A형

소수의 나눗셈(2)

일 _____ 일
시 _____ 분
_____ 초
/9

✎ 다음 나눗셈을 완전히 나누어떨어질 때까지 계산하세요.

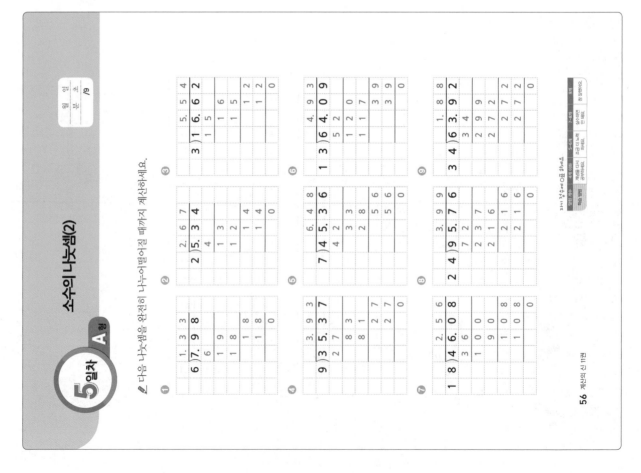

56 계산의 신 11권

5일차 B형

소수의 나눗셈(2)

일 _____ 일
분 _____ 분
_____ 초
/9

※ 정답 22쪽

이번 단계에서는 몫이 소수점 이래 두 자리 수인 (소수)÷(자연수)를 배웠습니다. 다음 단계에서는 몫이 떨어지는 작은 (소수)÷(자연수)를 공부합니다.

✎ 다음 나눗셈을 완전히 나누어떨어질 때까지 계산하세요.

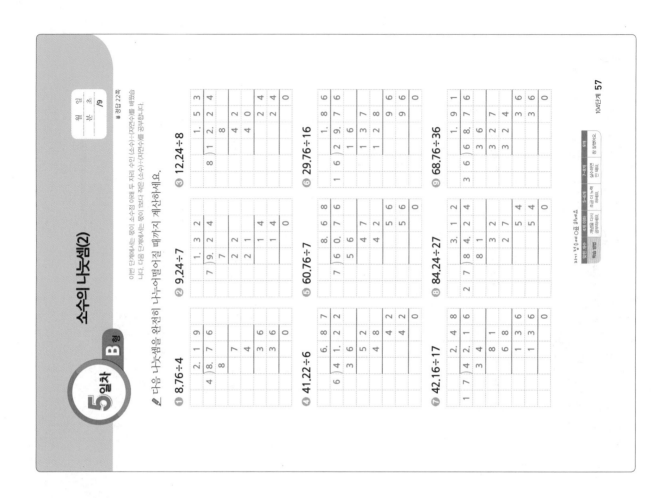

104단계 57

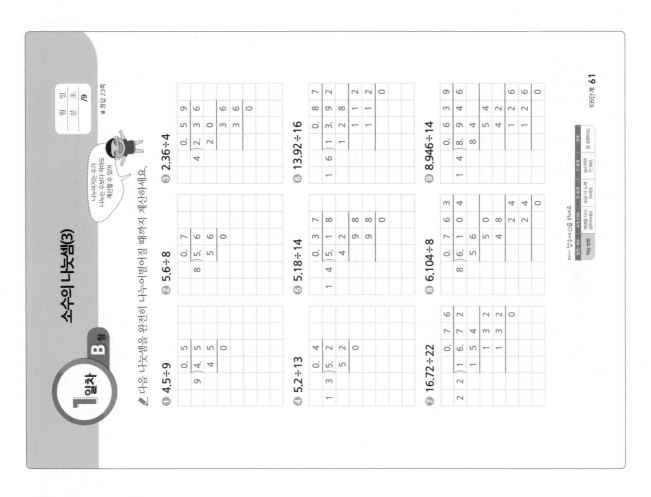

1일차 B형 소수의 나눗셈(3)

월 일 / 분 초 / /9

※ 정답 23쪽

나누어지는 수가 나누는 수보다 작아도 계산할 수 있어

다음 나눗셈을 완전히 나누어떨어질 때까지 계산하세요.

❶ 4.5÷9 ❷ 5.6÷8 ❸ 2.36÷4
❹ 5.2÷13 ❺ 5.18÷14 ❻ 13.92÷16
❼ 16.72÷22 ❽ 6.104÷8 ❾ 8.946÷14

105단계 61

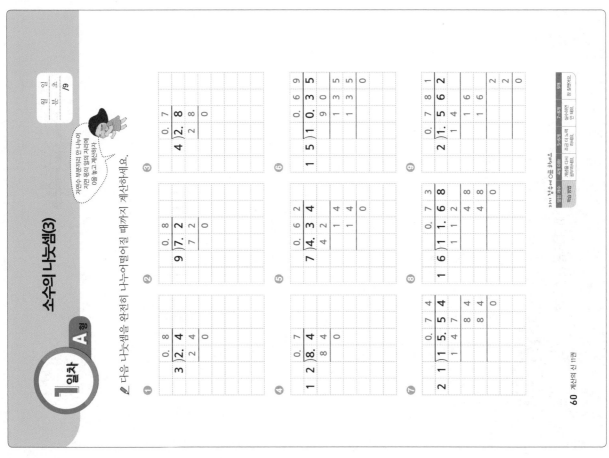

1일차 A형 소수의 나눗셈(3)

월 일 / 분 초 / /9

자연수 부분끼리 안 나누어지면 몫의 일의 자리에 0을 놓고 계산하세요.

다음 나눗셈을 완전히 나누어떨어질 때까지 계산하세요.

60 계산의 신 11권

계산의 신 11권 **23**

2일차 A형 소수의 나눗셈(3)

월 일
분 초
/9

✎ 다음 나눗셈을 완전히 나누어떨어질 때까지 계산하세요.

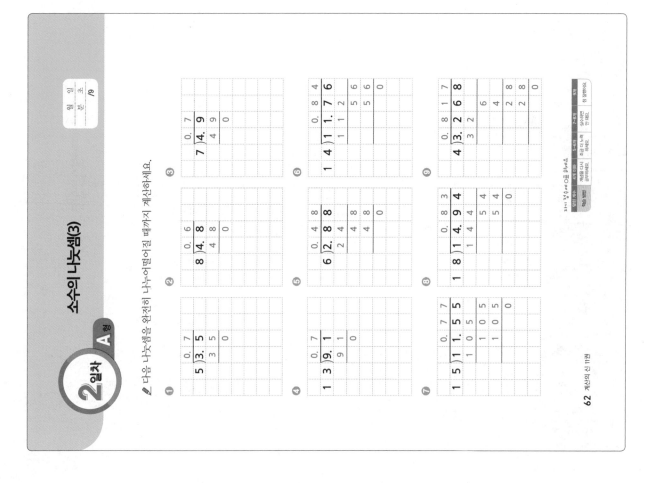

2일차 B형 소수의 나눗셈(3)

월 일
분 초
/9

➡ 정답 24쪽

✎ 다음 나눗셈을 완전히 나누어떨어질 때까지 계산하세요.

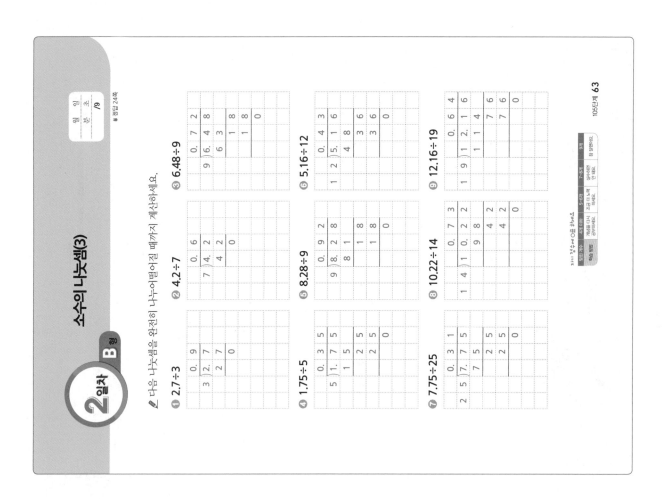

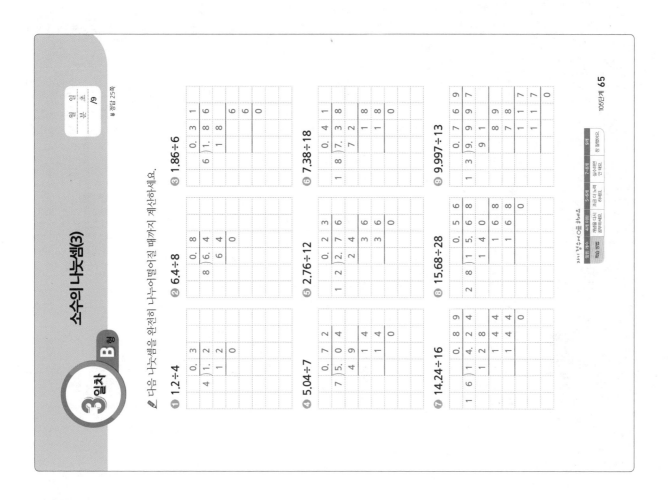

소수의 나눗셈(3)

3일차 B형

다음 나눗셈을 완전히 나누어떨어질 때까지 계산하세요.

① 1.2÷4　② 6.4÷8　③ 1.86÷6

④ 5.04÷7　⑤ 2.76÷12　⑥ 7.38÷18

⑦ 14.24÷16　⑧ 15.68÷28　⑨ 9.997÷13

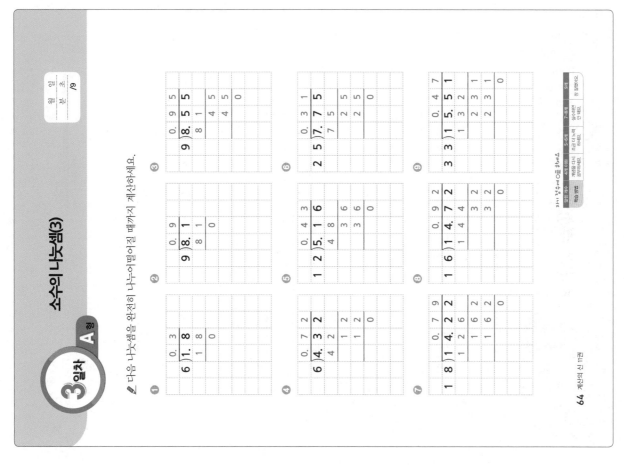

소수의 나눗셈(3)

3일차 A형

다음 나눗셈을 완전히 나누어떨어질 때까지 계산하세요.

소수의 나눗셈(3)

다음 나눗셈을 완전히 나누어떨어질 때까지 계산하세요.

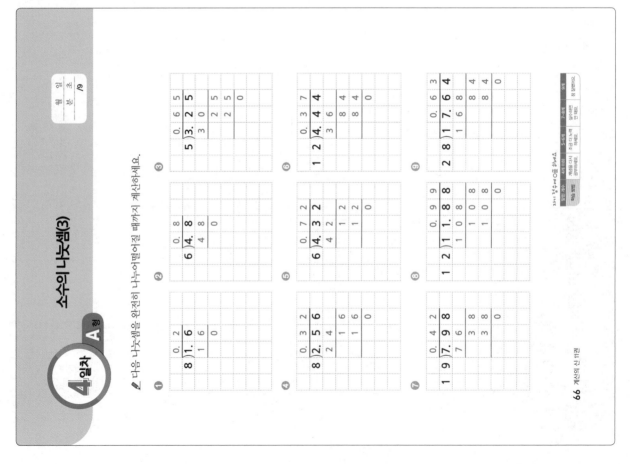

소수의 나눗셈(3)

다음 나눗셈을 완전히 나누어떨어질 때까지 계산하세요.

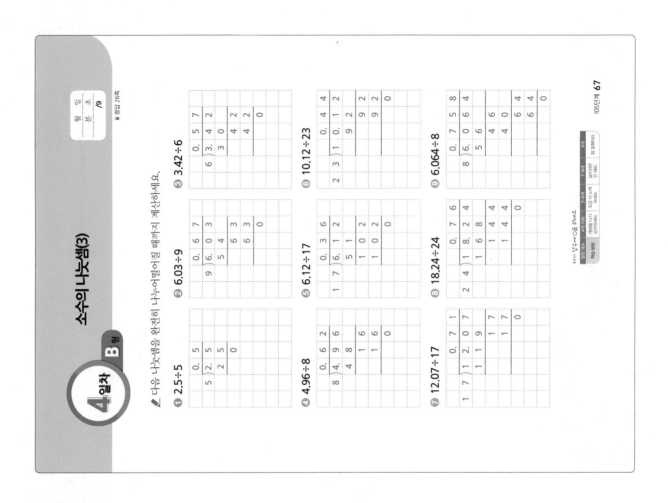

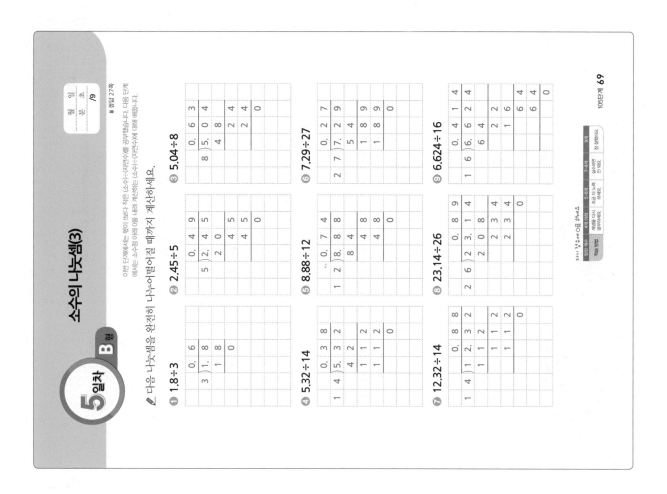

소수의 나눗셈(3)

5일차 B형

다음 나눗셈을 완전히 나누어떨어질 때까지 계산하세요.

❶ 1.8÷3 ❷ 2.45÷5 ❸ 5.04÷8

❹ 5.32÷14 ❺ 8.88÷12 ❻ 7.29÷27

❼ 12.32÷14 ❽ 23.14÷26 ❾ 6.624÷16

정답 27쪽

이번 단계에서는 풀이가 1보다 작은 소수÷(자연수)를 공부했습니다. 다음 단계에서는 소수점 아래 0을 내려 계산하는 소수÷(자연수)에 대해 배웁니다.

105단계 69

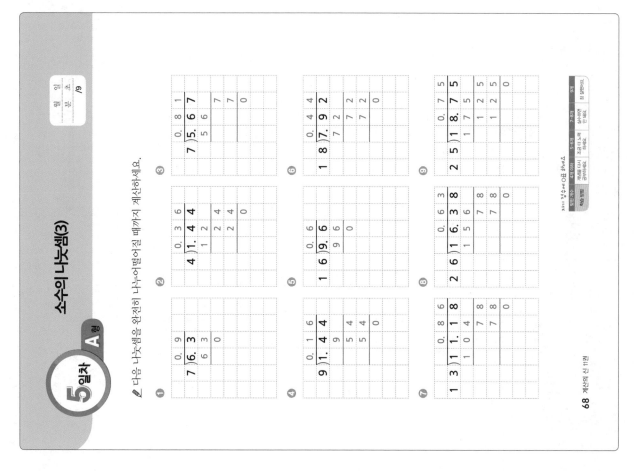

소수의 나눗셈(3)

5일차 A형

다음 나눗셈을 완전히 나누어떨어질 때까지 계산하세요.

68 계산의 신 11권

소수의 나눗셈(4)

1일차 A형

/9

✏ 다음 나눗셈을 완전히 나누어떨어질 때까지 계산하세요.

나누어떨어지지 않을 때는 소수점 아래에 0을 내려 계산해.

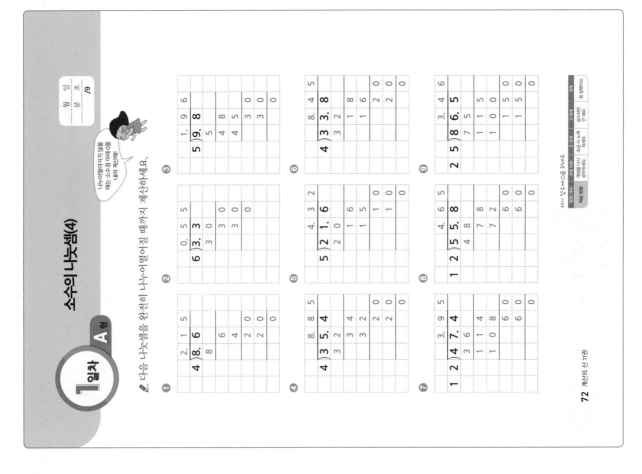

소수의 나눗셈(4)

1일차 B형

/9

✏ 다음 나눗셈을 완전히 나누어떨어질 때까지 계산하세요.

직접 세로셈으로 써서 계산해 봐.

※ 정답 28쪽

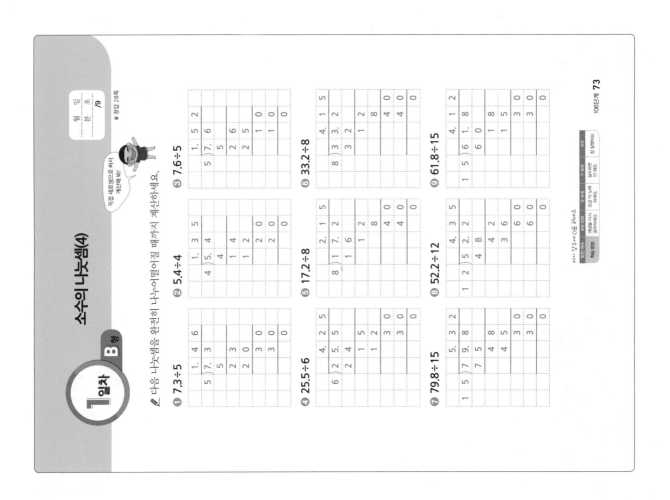

① 7.3÷5   ② 5.4÷4   ③ 7.6÷5

④ 25.5÷6   ⑤ 17.2÷8   ⑥ 33.2÷8

⑦ 79.8÷15   ⑧ 52.2÷12   ⑨ 61.8÷15

소수의 나눗셈(4)

✎ 다음 나눗셈을 완전히 나누어떨어질 때까지 계산하세요.

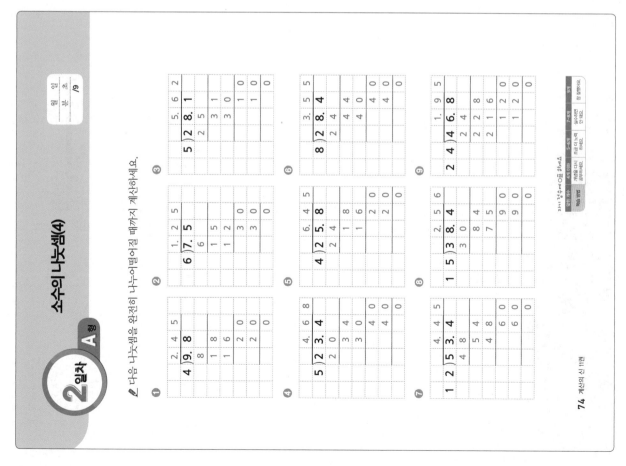

소수의 나눗셈(4)

✎ 다음 나눗셈을 완전히 나누어떨어질 때까지 계산하세요.

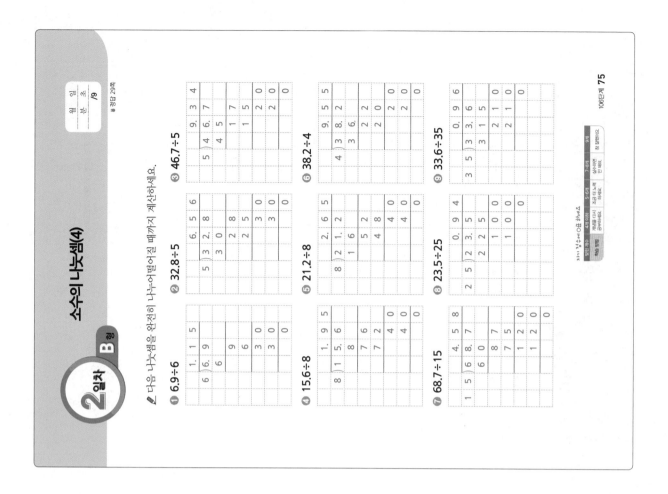

❶ 6.9÷6   ❷ 32.8÷5   ❸ 46.7÷5

❹ 15.6÷8   ❺ 21.2÷8   ❻ 38.2÷4

❼ 68.7÷15   ❽ 23.5÷25   ❾ 33.6÷35

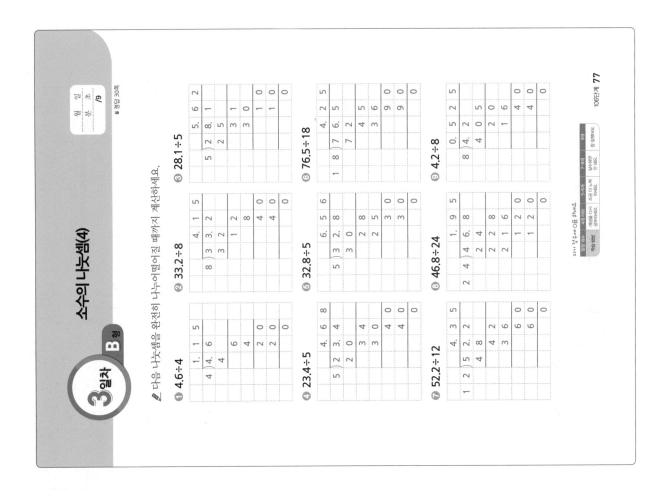

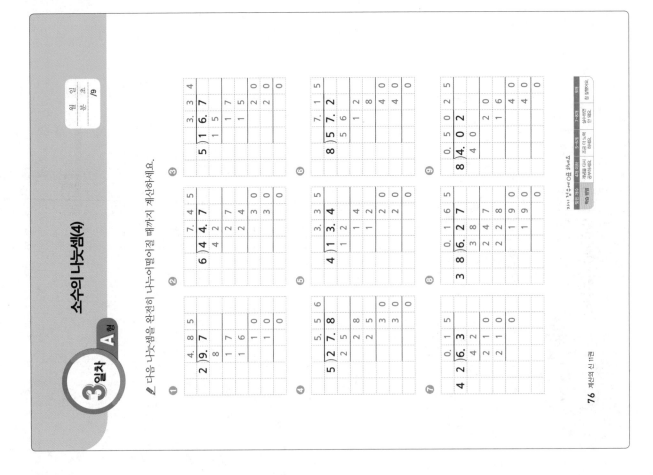

30 정답

4 일차 B형

소수의 나눗셈(4)

다음 나눗셈을 완전히 나누어떨어질 때까지 계산하세요.

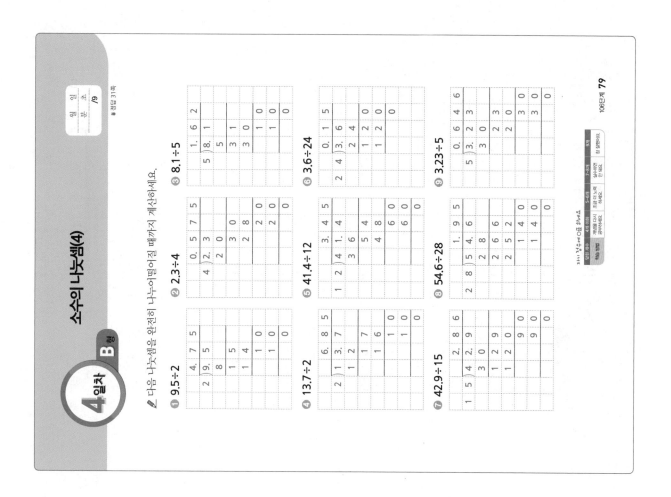

① 9.5÷2 ② 2.3÷4 ③ 8.1÷5

④ 13.7÷2 ⑤ 41.4÷12 ⑥ 3.6÷24

⑦ 42.9÷15 ⑧ 54.6÷28 ⑨ 3.23÷5

4 일차 A형

소수의 나눗셈(4)

다음 나눗셈을 완전히 나누어떨어질 때까지 계산하세요.

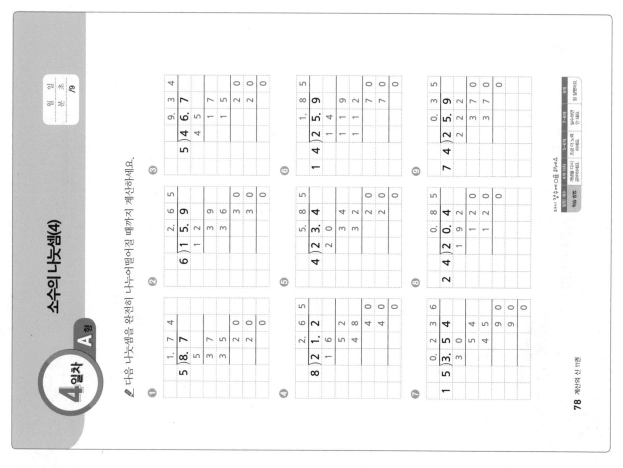

5일차 B형

소수의 나눗셈(4)

월 일
분 초
/9

이번 단계에서는 소수점 아래 끝에 0을 내려 계산하는 (소수)÷(자연수)를 공부했습니다. 다음 단계에서는 몫의 소수 첫째 자리에 0이 있는 (소수)÷(자연수)를 연습합니다.

✎ 다음 나눗셈을 완전히 나누어떨어질 때까지 계산하세요.

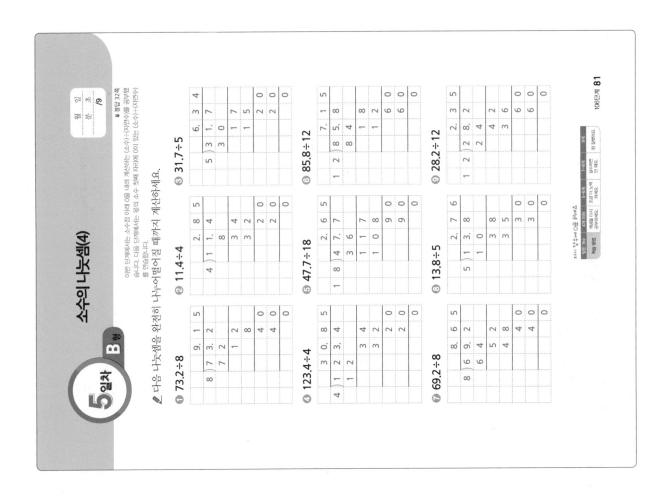

5일차 A형

소수의 나눗셈(4)

월 일
분 초
/9

✎ 다음 나눗셈을 완전히 나누어떨어질 때까지 계산하세요.

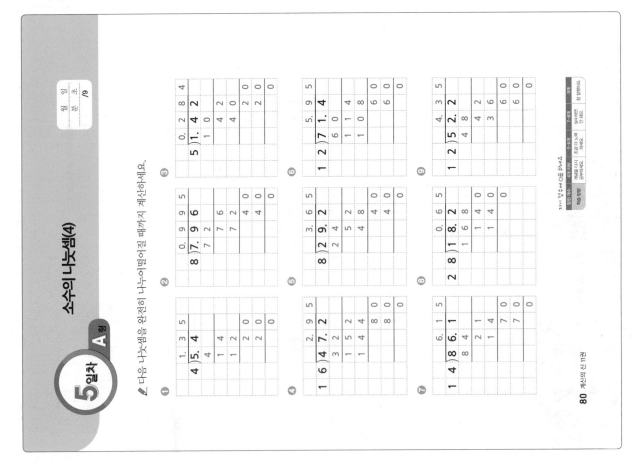

■ 정답 33쪽

다음 나눗셈을 완전히 나누어떨어질 때까지 계산하세요.

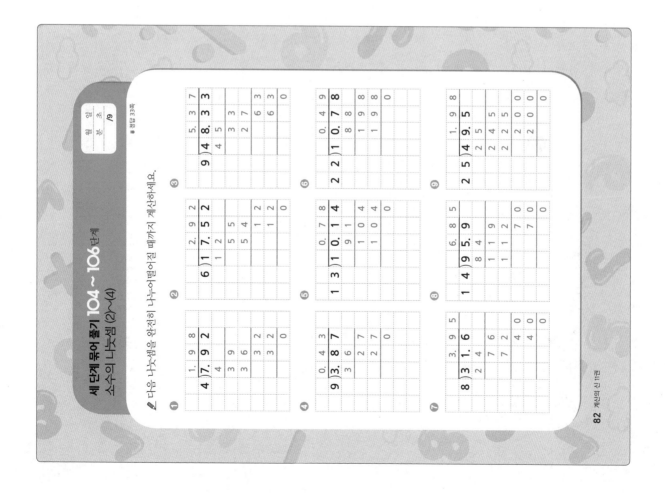

1일차 A형 소수의 나눗셈(5)

월 일
분 초 /9

다음 나눗셈을 완전히 나누어떨어질 때까지 계산하세요.

나누어지지 않을 때 몫에 0을 쓰고 하나 더 내려 계산하기

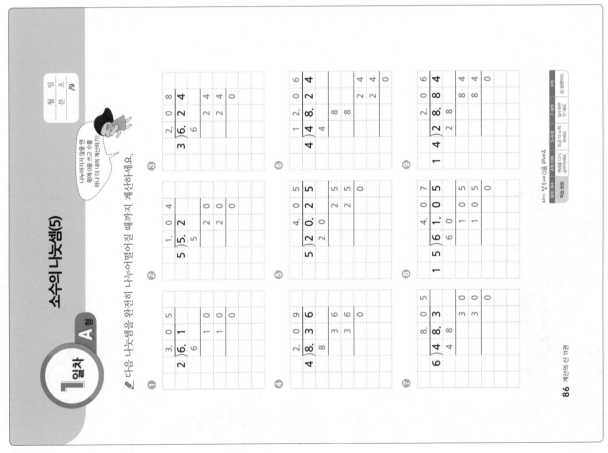

1일차 B형 소수의 나눗셈(5)

월 일
분 초 /9

※ 정답 34쪽

다음 나눗셈을 완전히 나누어떨어질 때까지 계산하세요.

나누어지지 않아도 당황하지 말고 차근차근

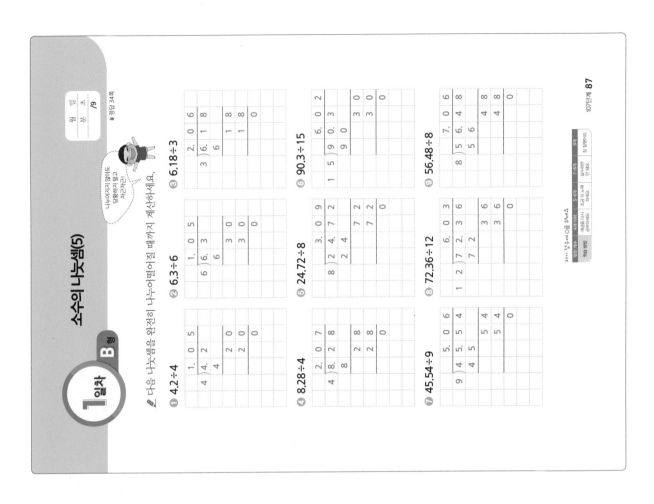

① 4.2÷4   ② 6.3÷6   ③ 6.18÷3

④ 8.28÷4   ⑤ 24.72÷8   ⑥ 90.3÷15

⑦ 45.54÷9   ⑧ 72.36÷12   ⑨ 56.48÷8

2일차 A형 소수의 나눗셈(5)

다음 나눗셈을 완전히 나누어떨어질 때까지 계산하세요.

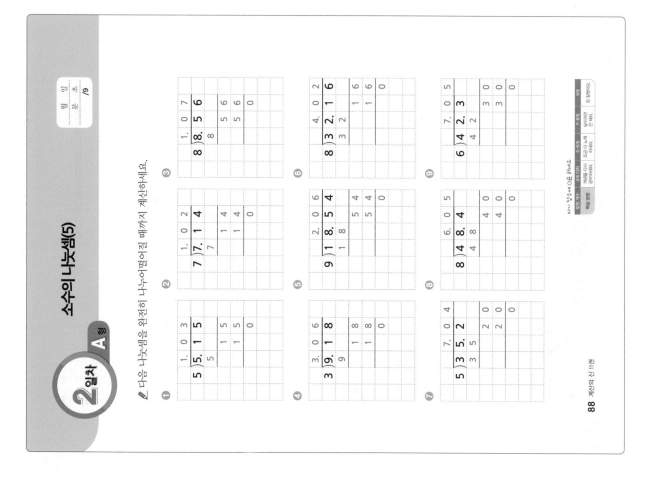

2일차 B형 소수의 나눗셈(5)

다음 나눗셈을 완전히 나누어떨어질 때까지 계산하세요.

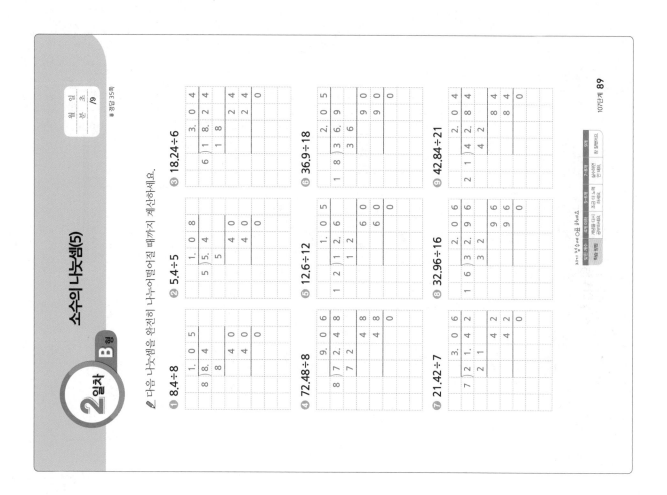

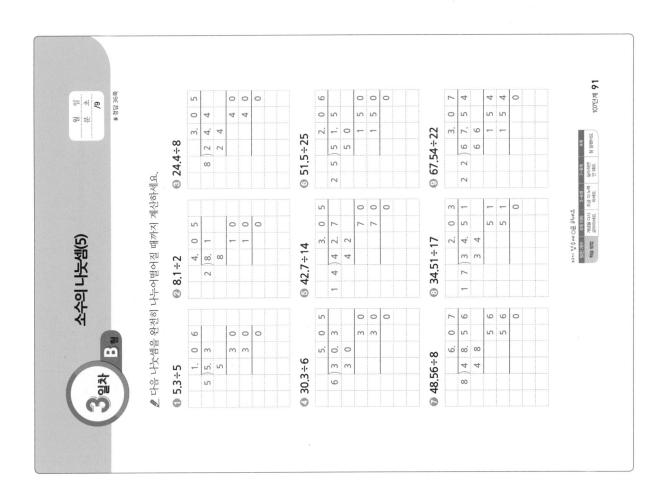

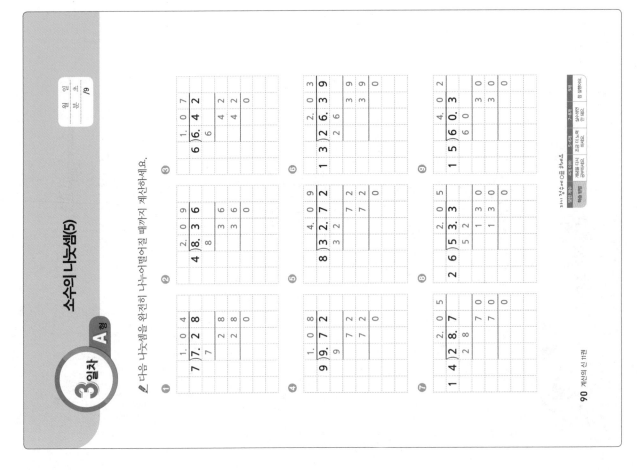

소수의 나눗셈(5)

A 형

월 일
분 초
/9

✎ 다음 나눗셈을 완전히 나누어떨어질 때까지 계산하세요.

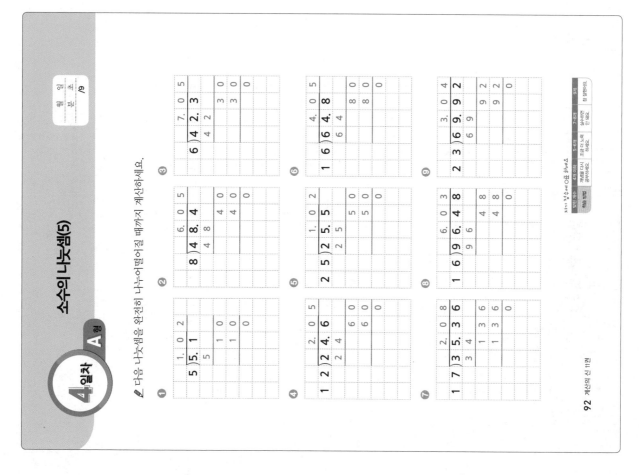

소수의 나눗셈(5)

B 형

월 일
분 초
/9

✎ 다음 나눗셈을 완전히 나누어떨어질 때까지 계산하세요.

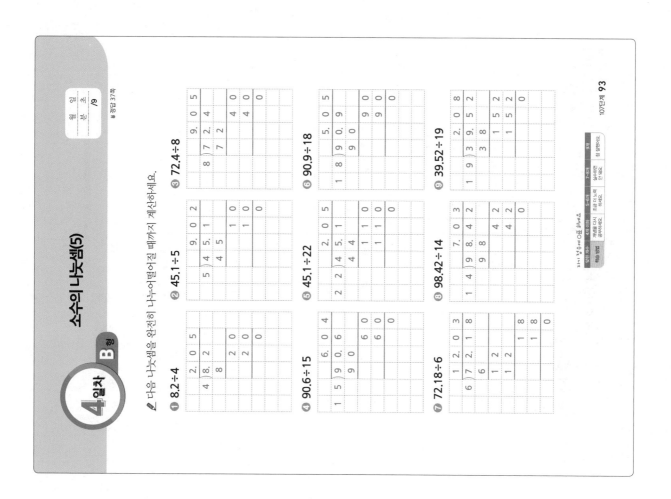

① 8.2÷4   ② 45.1÷5   ③ 72.4÷8

④ 90.6÷15   ⑤ 45.1÷22   ⑥ 90.9÷18

⑦ 72.18÷6   ⑧ 98.42÷14   ⑨ 39.52÷19

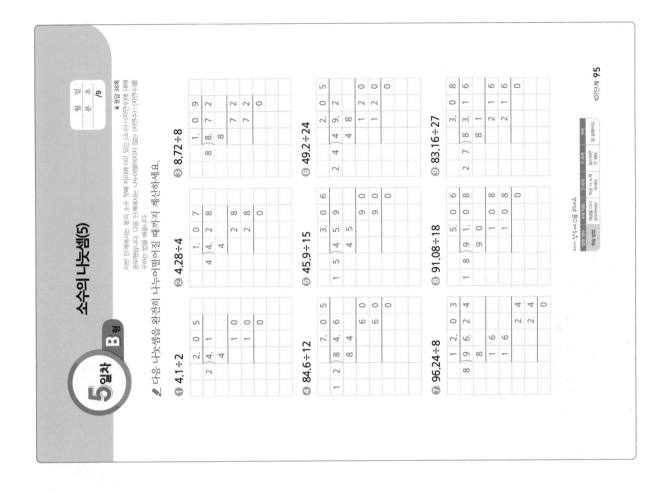

5 일차 B형

소수의 나눗셈(5)

이번 단계에서는 몫의 소수 첫째 자리에 0이 있는 (소수)÷(자연수)에 대해 공부했습니다. 다음 단계에서는 나누어떨어지지 않는 (자연수)÷(자연수)를 구하는 방법을 배웁니다.

✎ 다음 나눗셈을 완전히 나누어떨어질 때까지 계산하세요.

① 4.1÷2   ② 4.28÷4   ③ 8.72÷8

④ 84.6÷12   ⑤ 45.9÷15   ⑥ 49.2÷24

⑦ 96.24÷8   ⑧ 91.08÷18   ⑨ 83.16÷27

10단계 95

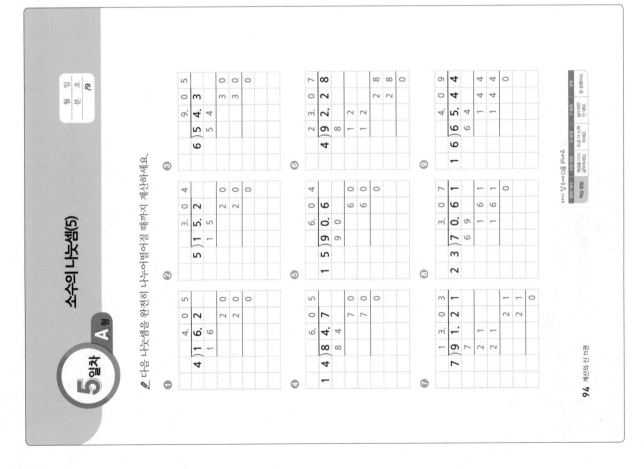

5 일차 A형

소수의 나눗셈(5)

✎ 다음 나눗셈을 완전히 나누어떨어질 때까지 계산하세요.

94 계산의 신 11권

38 정답

1일차 B형 소수의 나눗셈(6)

문제에 소수점 찍는 거 잊지마!

다음 나눗셈을 완전히 나누어떨어질 때까지 계산하세요.

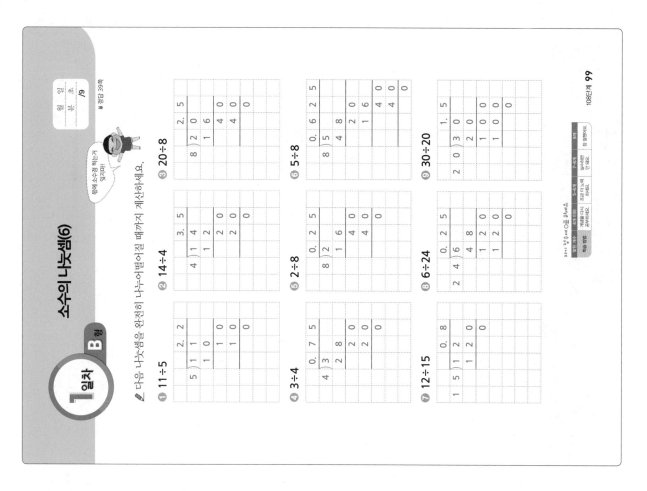

① 11÷5 ② 14÷4 ③ 20÷8
④ 3÷4 ⑤ 2÷8 ⑥ 5÷8
⑦ 12÷15 ⑧ 6÷24 ⑨ 30÷20

108단계 99

정답 39쪽

1일차 A형 소수의 나눗셈(6)

나누어떨어지지 않을 때는 소수점과 0을 붙여 계산해요.

다음 나눗셈을 완전히 나누어떨어질 때까지 계산하세요.

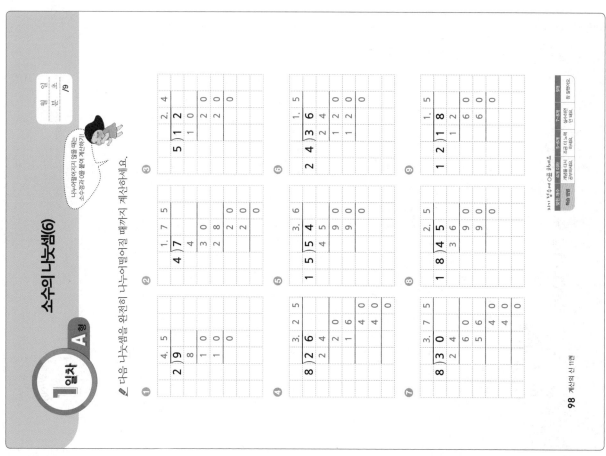

98 계산의 신 11권

2일차 A형

소수의 나눗셈(6)

다음 나눗셈을 완전히 나누어떨어질 때까지 계산하세요.

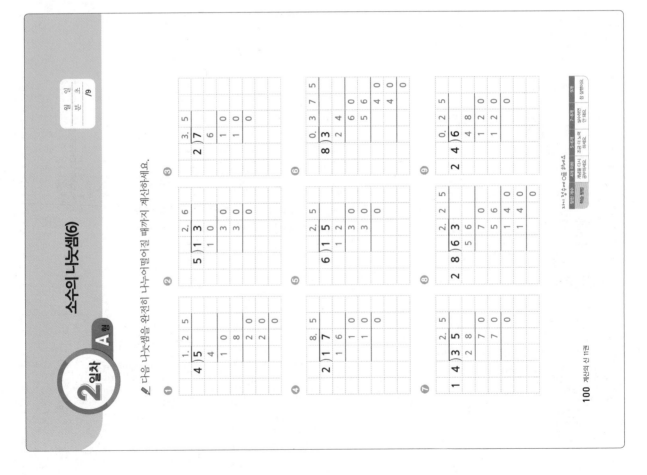

2일차 B형

소수의 나눗셈(6)

다음 나눗셈을 완전히 나누어떨어질 때까지 계산하세요.

❶ 11÷2　❷ 19÷4　❸ 27÷6

❹ 7÷8　❺ 3÷6　❻ 33÷22

❼ 9÷15　❽ 8÷32　❾ 40÷25

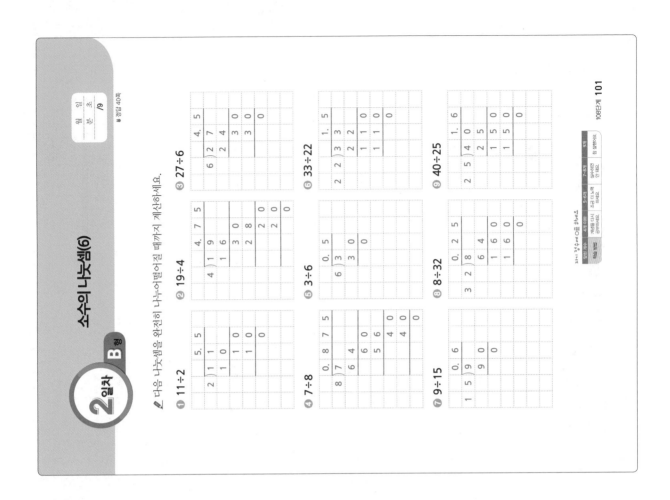

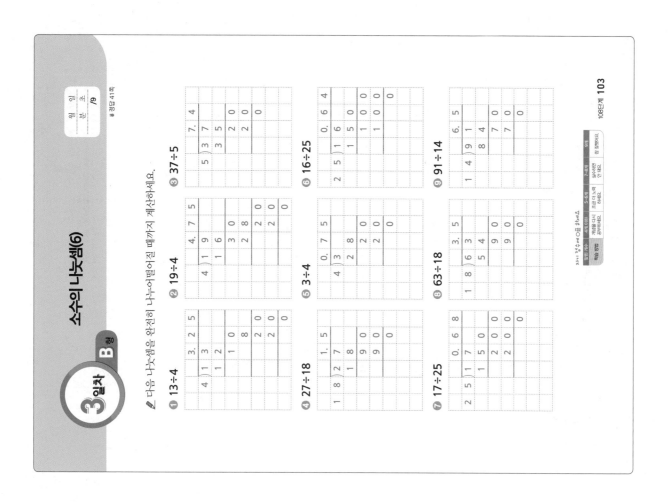

소수의 나눗셈(6)

월 일
분 초 /9

✎ 다음 나눗셈을 완전히 나누어떨어질 때까지 계산하세요.

❶ 13÷4　❷ 19÷4　❸ 37÷5

❹ 27÷18　❺ 3÷4　❻ 16÷25

❼ 17÷25　❽ 63÷18　❾ 91÷14

※ 정답 41쪽

108단계 103

소수의 나눗셈(6)

월 일
분 초 /9

✎ 다음 나눗셈을 완전히 나누어떨어질 때까지 계산하세요.

102 계산의 신 11권

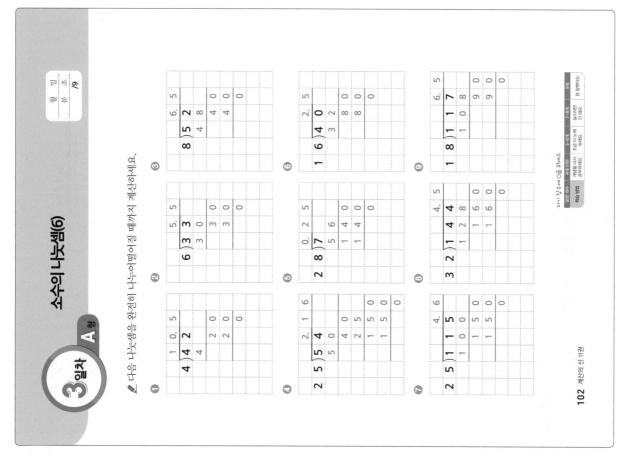

4 일차 A형

소수의 나눗셈(6)

다음 나눗셈을 완전히 나누어떨어질 때까지 계산하세요.

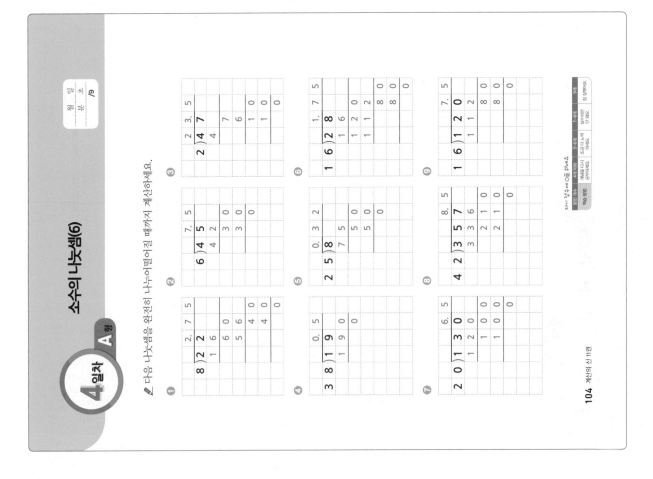

4 일차 B형

소수의 나눗셈(6)

다음 나눗셈을 완전히 나누어떨어질 때까지 계산하세요.

① 70÷4 ② 23÷5 ③ 36÷8

④ 52÷16 ⑤ 75÷12 ⑥ 18÷45

⑦ 42÷56 ⑧ 152÷16 ⑨ 114÷12

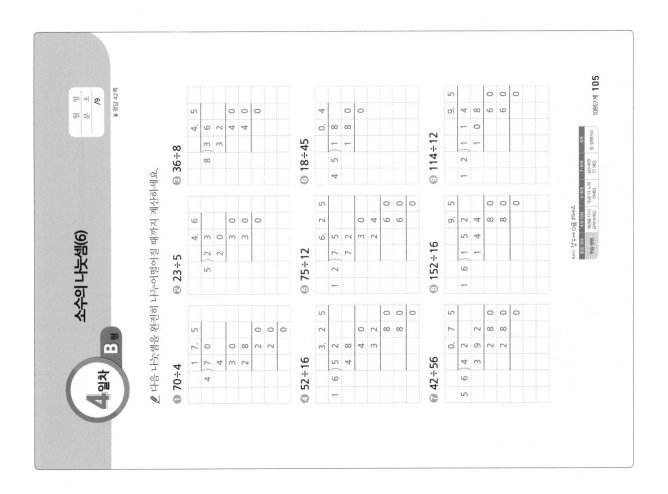

소수의 나눗셈(6) — B형

5일차

다음 나눗셈을 완전히 나누어떨어질 때까지 계산하세요.

① 58÷4　② 51÷6　③ 87÷12

④ 9÷15　⑤ 3÷8　⑥ 14÷25

⑦ 135÷18　⑧ 204÷24　⑨ 322÷35

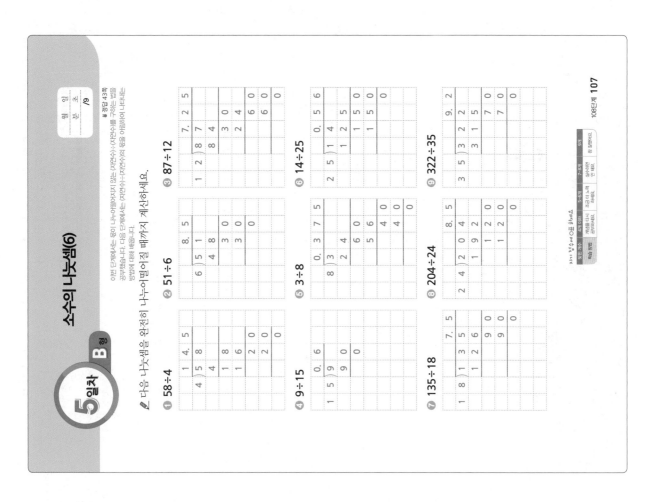

이번 단계에서는 몫이 나누어떨어지지 않는 (자연수)÷(자연수)를 구하는 방법을 공부했습니다. 다음 단계에서는 (자연수)÷(자연수)의 몫을 어림하여 나타내는 방법에 대해 배웁니다.

소수의 나눗셈(6) — A형

5일차

다음 나눗셈을 완전히 나누어떨어질 때까지 계산하세요.

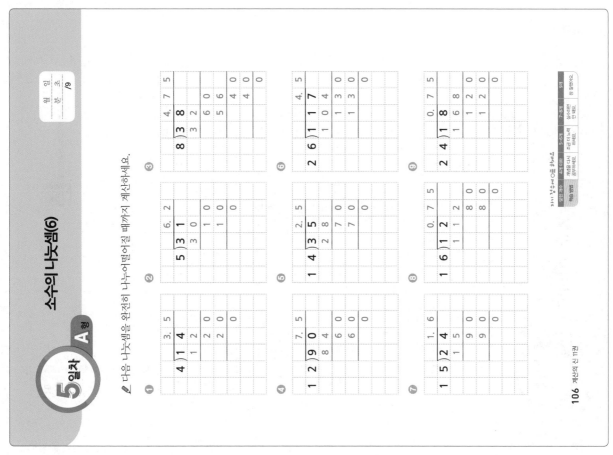

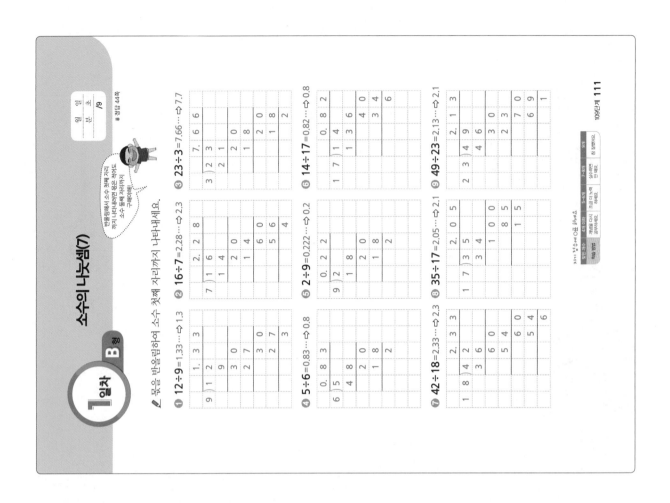

소수의 나눗셈(7)

1일차 B형

몫을 반올림하여 소수 첫째 자리까지 나타내세요.

① 12÷9=1.33…⇨1.3
② 16÷7=2.28…⇨2.3
③ 23÷3=7.66…⇨7.7
④ 5÷6=0.83…⇨0.8
⑤ 2÷9=0.222…⇨0.2
⑥ 14÷17=0.82…⇨0.8
⑦ 42÷18=2.33…⇨2.3
⑧ 35÷17=2.05…⇨2.1
⑨ 49÷23=2.13…⇨2.1

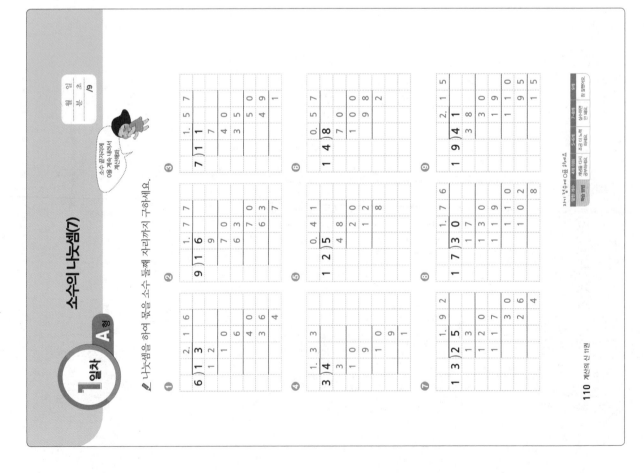

소수의 나눗셈(7)

1일차 A형

나눗셈을 하여 몫을 소수 둘째 자리까지 구하세요.

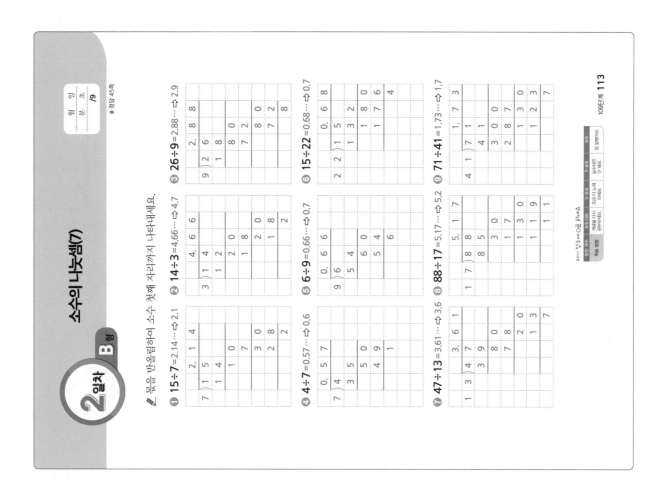

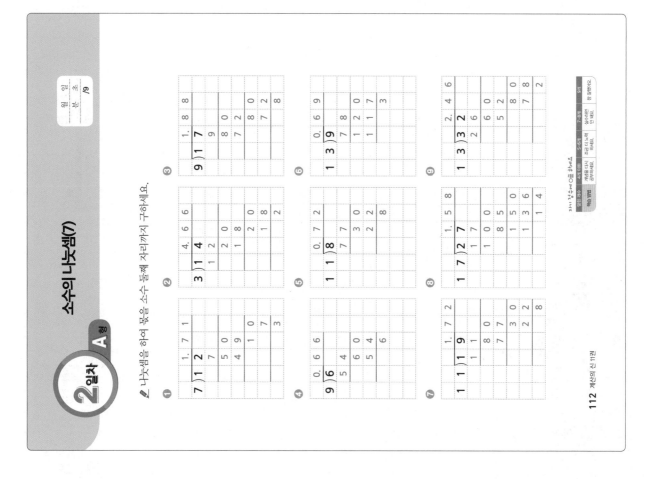

소수의 나눗셈(7)

2일차 B형

나눗셈을 하여 몫을 반올림하여 소수 첫째 자리까지 나타내세요.

① 15÷7=2.14···⇨ 2.1

② 14÷3=4.66···⇨ 4.7

③ 26÷9=2.88···⇨ 2.9

④ 4÷7=0.57···⇨ 0.6

⑤ 6÷9=0.66···⇨ 0.7

⑥ 15÷22=0.68···⇨ 0.7

⑦ 47÷13=3.61···⇨ 3.6

⑧ 88÷17=5.17···⇨ 5.2

⑨ 71÷41=1.73···⇨ 1.7

109단계 **113**

소수의 나눗셈(7)

2일차 A형

나눗셈을 하여 몫을 소수 둘째 자리까지 구하세요.

① 7) 1 2

② 3) 1 4

③ 9) 1 7

④ 9) 6

⑤ 1 1) 8

⑥ 1 3) 9

⑦ 1 1) 9

⑧ 1 7) 2 7

⑨ 1 3) 3 2

112 계산의 신 11권

계산의 신 11권 **45**

3일차 A형 — 소수의 나눗셈(7)

나눗셈을 하여 몫을 소수 둘째 자리까지 구하세요.

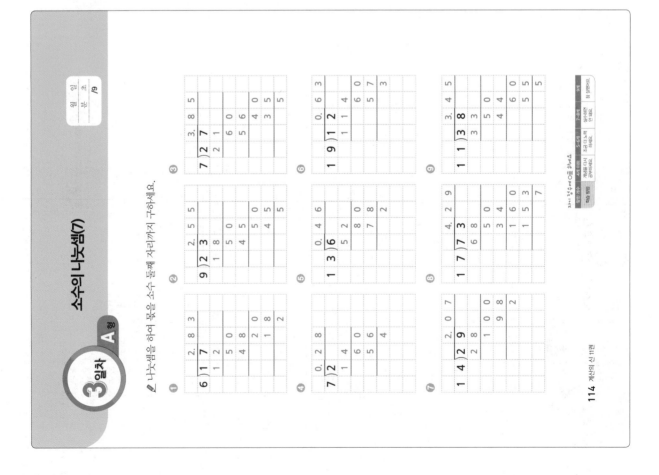

3일차 B형 — 소수의 나눗셈(7)

몫을 반올림하여 소수 첫째 자리까지 나타내세요.

① 11÷3=3.66…⇨3.7
② 24÷9=2.66…⇨2.7
③ 29÷7=4.14…⇨4.1
④ 5÷13=0.38…⇨0.4
⑤ 10÷17=0.58…⇨0.6
⑥ 9÷19=0.47…⇨0.5
⑦ 25÷11=2.27…⇨2.3
⑧ 86÷23=3.73…⇨3.7
⑨ 95÷31=3.06…⇨3.1

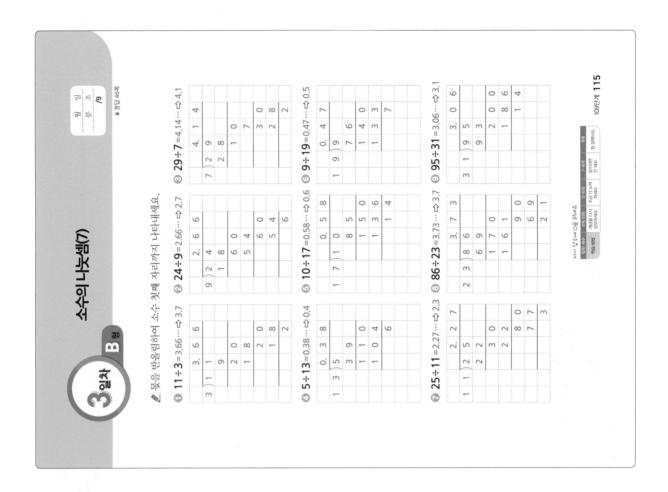

소수의 나눗셈(7)

4일차 **A**형

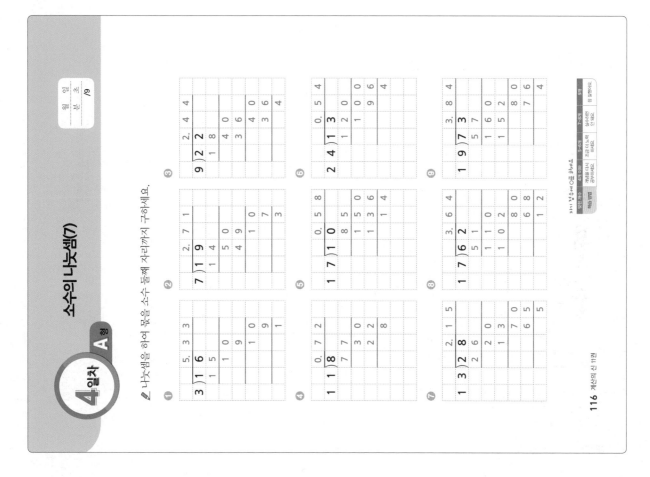

나눗셈을 하여 몫을 소수 둘째 자리까지 구하세요.

소수의 나눗셈(7)

4일차 **B**형

※ 정답 47쪽

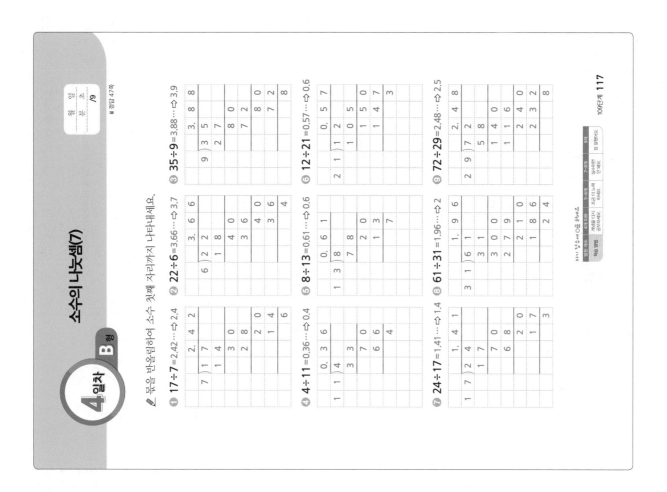

몫을 반올림하여 소수 첫째 자리까지 나타내세요.

① 17÷7=2.42…⇨2.4
② 22÷6=3.66…⇨3.7
③ 35÷9=3.88…⇨3.9
④ 4÷11=0.36…⇨0.4
⑤ 8÷13=0.61…⇨0.6
⑥ 12÷21=0.57…⇨0.6
⑦ 24÷17=1.41…⇨1.4
⑧ 61÷31=1.96…⇨2
⑨ 72÷29=2.48…⇨2.5

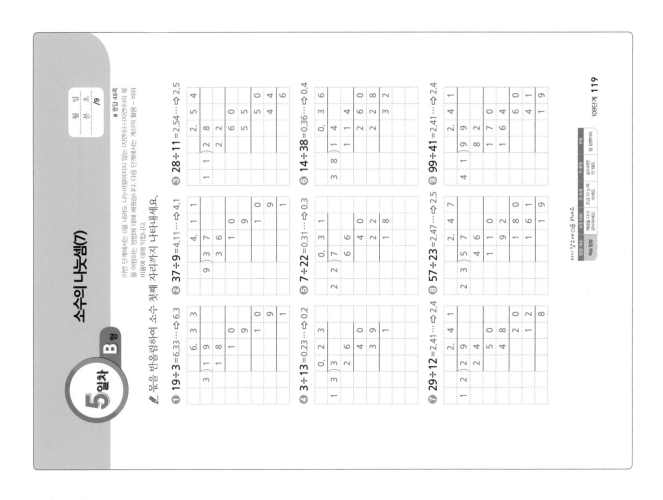

5일차 B형 소수의 나눗셈(7)

월 일
분 초
/9

※ 정답 48쪽

이번 단계에서는 0을 내려도 나누어떨어지지 않는 (자연수)÷(자연수)의 몫을 어림하는 방법에 대해 배웠습니다. 다음 단계에서는 계산의 활용 − 비와 비율에 대해 익힙니다.

✏ 몫을 반올림하여 소수 첫째 자리까지 나타내세요.

❶ 19÷3=6.33···⇨ 6.3
❷ 37÷9=4.11···⇨ 4.1
❸ 28÷11=2.54···⇨ 2.5

❹ 3÷13=0.23···⇨ 0.2
❺ 7÷22=0.31···⇨ 0.3
❻ 14÷38=0.36···⇨ 0.4

❼ 29÷12=2.41···⇨ 2.4
❽ 57÷23=2.47···⇨ 2.5
❾ 99÷41=2.41···⇨ 2.4

109단계 119

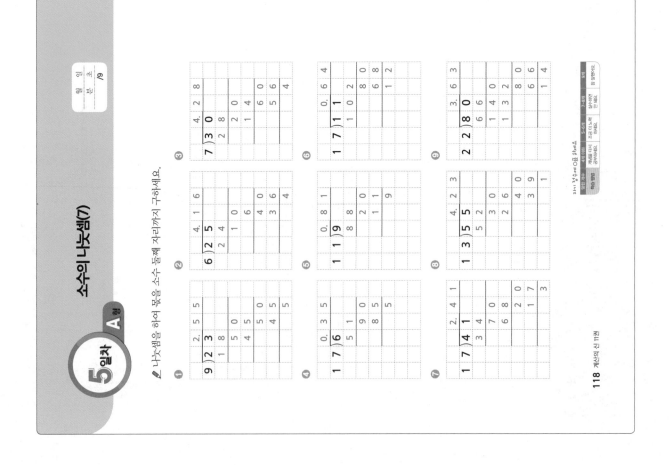

5일차 A형 소수의 나눗셈(7)

월 일
분 초
/9

✏ 나눗셈을 하여 몫을 소수 둘째 자리까지 구하세요.

118 계산의 신 11권

세 단계 묶어 풀기 **107~109**단계
소수의 나눗셈 (5)~(7)

✎ 다음 나눗셈을 완전히 나누어떨어질 때까지 계산하세요.

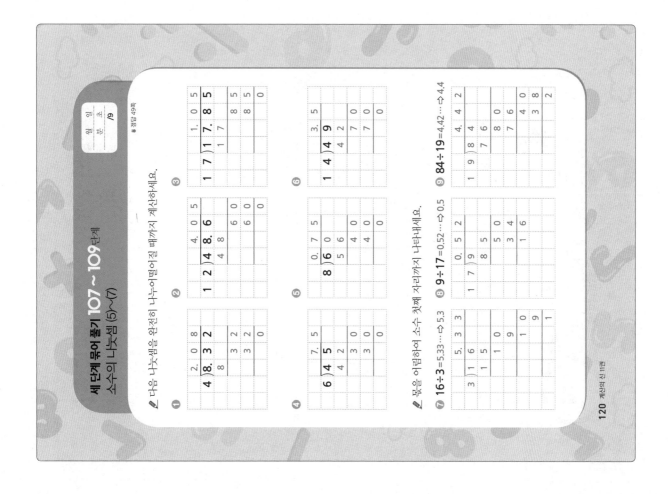

✎ 몫을 어림하여 소수 첫째 자리까지 나타내세요.

⑦ $16 \div 3 = 5.33 \cdots \Rightarrow 5.3$

⑧ $9 \div 17 = 0.52 \cdots \Rightarrow 0.5$

⑨ $84 \div 19 = 4.42 \cdots \Rightarrow 4.4$

1 일차 A형 비와 비율

✎ 비에서 기준량과 비교하는 양을 찾아 쓰세요.

어느 쪽이 기준량일까?

비	기준량	비교하는 양
❶ 3 : 7	7	3
❷ 12 : 19	19	12
❸ 2 대 7	7	2
❹ 5 대 8	8	5
❺ 6과 13의 비	13	6
❻ 19 대 25	25	19
❼ 7에 대한 3의 비	7	3
❽ 23에 대한 17의 비	23	17
❾ 4의 3에 대한 비	3	4
❿ 17의 9에 대한 비	9	17

1 일차 B형 비와 비율

✎ 비율을 기약분수와 소수, 백분율로 나타내세요.

기준량이 분모가 되는 것 알고 있지?

비	비율(분수)	소수	백분율
❶ 3 : 4	$\frac{3}{4}$	0.75	75%
❷ 12 : 25	$\frac{12}{25}$	0.48	48%
❸ 2 대 5	$\frac{2}{5}$	0.4	40%
❹ 5 대 8	$\frac{5}{8}$	0.625	62.5%
❺ 6과 12의 비	$\frac{1}{2}$	0.5	50%
❻ 19와 25의 비	$\frac{19}{25}$	0.76	76%
❼ 10에 대한 3의 비	$\frac{3}{10}$	0.3	30%
❽ 125에 대한 1의 비	$\frac{1}{125}$	0.008	0.8%
❾ 4의 25에 대한 비	$\frac{4}{25}$	0.16	16%
❿ 12의 60에 대한 비	$\frac{1}{5}$	0.2	20%

비와 비율

비율을 기약분수와 소수, 백분율로 나타내세요.

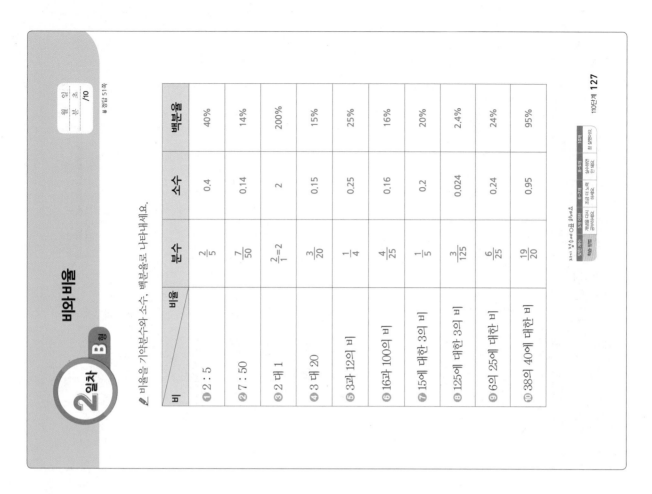

비	분수	소수	백분율
① 2 : 5	$\frac{2}{5}$	0.4	40%
② 7 : 50	$\frac{7}{50}$	0.14	14%
③ 2 대 1	$\frac{2}{1}=2$	2	200%
④ 3 대 20	$\frac{3}{20}$	0.15	15%
⑤ 3과 12의 비	$\frac{1}{4}$	0.25	25%
⑥ 16과 100의 비	$\frac{4}{25}$	0.16	16%
⑦ 15에 대한 3의 비	$\frac{1}{5}$	0.2	20%
⑧ 125에 대한 3의 비	$\frac{3}{125}$	0.024	2.4%
⑨ 6의 25에 대한 비	$\frac{6}{25}$	0.24	24%
⑩ 38의 40에 대한 비	$\frac{19}{20}$	0.95	95%

비와 비율

비에서 기준량과 비교하는 양을 찾아 쓰세요.

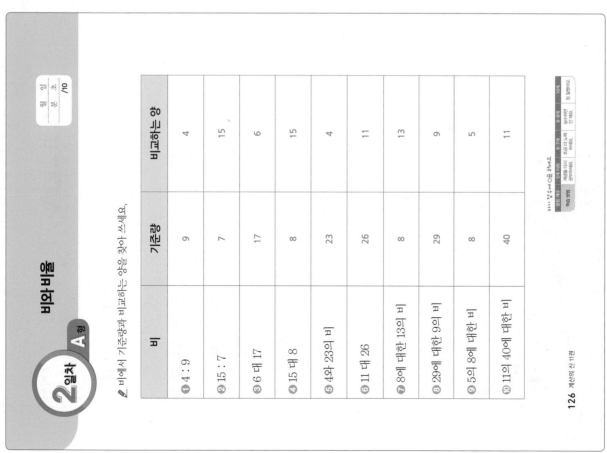

비	기준량	비교하는 양
① 4 : 9	9	4
② 15 : 7	7	15
③ 6 대 17	17	6
④ 15 대 8	8	15
⑤ 4와 23의 비	23	4
⑥ 11 대 26	26	11
⑦ 8에 대한 13의 비	8	13
⑧ 29에 대한 9의 비	29	9
⑨ 5의 8에 대한 비	8	5
⑩ 11의 40에 대한 비	40	11

3일차 A형 비와 비율

🖊 비에서 기준량과 비교하는 양을 찾아 쓰세요.

비	기준량	비교하는 양
① 5 : 13	13	5
② 14 : 21	21	14
③ 3 대 12	12	3
④ 7 대 15	15	7
⑤ 9와 49의 비	49	9
⑥ 13 대 26	26	13
⑦ 41에 대한 17의 비	41	17
⑧ 9에 대한 72의 비	9	72
⑨ 5의 25에 대한 비	25	5
⑩ 64의 128에 대한 비	128	64

3일차 B형 비와 비율

🖊 비율을 기약분수와 소수, 백분율로 나타내세요.

비	비율 (분수)	소수	백분율
① 3 : 24	$\frac{1}{8}$	0.125	12.5%
② 125 : 250	$\frac{1}{2}$	0.5	50%
③ 56 대 64	$\frac{7}{8}$	0.875	87.5%
④ 256 대 1024	$\frac{1}{4}$	0.25	25%
⑤ 39와 13의 비	$\frac{3}{1}=3$	3	300%
⑥ 36과 144의 비	$\frac{1}{4}$	0.25	25%
⑦ 100에 대한 34의 비	$\frac{17}{50}$	0.34	34%
⑧ 125에 대한 12의 비	$\frac{12}{125}$	0.096	9.6%
⑨ 120의 500에 대한 비	$\frac{6}{25}$	0.24	24%
⑩ 45의 120에 대한 비	$\frac{3}{8}$	0.375	37.5%

비와 비율

비에서 기준량과 비교하는 양을 찾아 쓰세요.

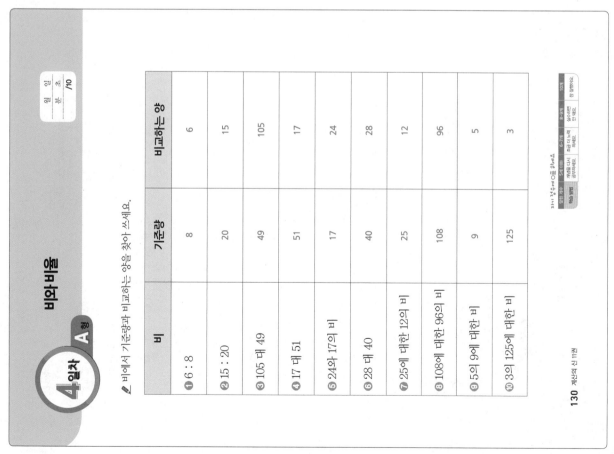

비	기준량	비교하는 양
① 6 : 8	8	6
② 15 : 20	20	15
③ 105 대 49	49	105
④ 17 대 51	51	17
⑤ 24와 17의 비	17	24
⑥ 28 대 40	40	28
⑦ 25에 대한 12의 비	25	12
⑧ 108에 대한 96의 비	108	96
⑨ 5의 9에 대한 비	9	5
⑩ 3의 125에 대한 비	125	3

비와 비율

● 정답 53쪽

비율을 기약분수와 소수, 백분율로 나타내세요.

비 \ 비율	분수	소수	백분율
① 40 : 50	$\frac{4}{5}$	0.8	80%
② 51 : 68	$\frac{3}{4}$	0.75	75%
③ 6 대 3	$\frac{6}{3}=2$	2	200%
④ 17 대 34	$\frac{1}{2}$	0.5	50%
⑤ 16과 64의 비	$\frac{1}{4}$	0.25	25%
⑥ 51과 75의 비	$\frac{17}{25}$	0.68	68%
⑦ 50에 대한 35의 비	$\frac{7}{10}$	0.7	70%
⑧ 120에 대한 105의 비	$\frac{7}{8}$	0.875	87.5%
⑨ 30의 125에 대한 비	$\frac{6}{25}$	0.24	24%
⑩ 13의 40에 대한 비	$\frac{13}{40}$	0.325	32.5%

5일차 A형 비와 비율

할 일
초
분 /10

비에서 기준량과 비교하는 양을 찾아 쓰세요.

비	기준량	비교하는 양
❶ 6 : 13	13	6
❷ 81 : 27	27	81
❸ 25 대 75	75	25
❹ 50 대 48	48	50
❺ 6과 42의 비	42	6
❻ 19 대 38	38	19
❼ 17에 대한 51의 비	17	51
❽ 125에 대한 25의 비	125	25
❾ 24의 30에 대한 비	30	24
❿ 15의 90에 대한 비	90	15

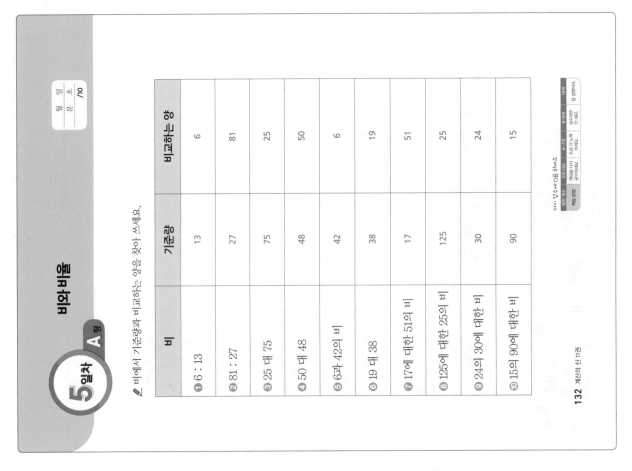

5일차 B형 비와 비율

할 일
초
분 /10

※ 정답 54쪽

이번 단계에서는 두 수의 비와 기준량, 비율, 비율을 비의 값으로 나타내었습니다. 다음 단계에서는 분수×분수÷분수에 대해 알아봅니다.

비율을 기약분수와 소수, 백분율로 나타내세요.

비	분수	소수	백분율
❶ 3 : 5	$\frac{3}{5}$	0.6	60%
❷ 12 : 100	$\frac{3}{25}$	0.12	12%
❸ 4 대 8	$\frac{1}{2}$	0.5	50%
❹ 15 대 24	$\frac{5}{8}$	0.625	62.5%
❺ 35와 100의 비	$\frac{7}{20}$	0.35	35%
❻ 19와 76의 비	$\frac{1}{4}$	0.25	25%
❼ 25에 대한 5의 비	$\frac{1}{5}$	0.2	20%
❽ 625에 대한 100의 비	$\frac{4}{25}$	0.16	16%
❾ 60의 75에 대한 비	$\frac{4}{5}$	0.8	80%
❿ 49의 98에 대한 비	$\frac{1}{2}$	0.5	50%

전체 묶어 풀기 101~110단계
분수의 나눗셈 · 소수의 나눗셈

◆정답 55쪽

✎ 다음을 계산하여 기약분수로 나타내세요.

① $\dfrac{3}{8} \div 6 = \dfrac{1}{16}$

② $\dfrac{22}{9} \div 4 = \dfrac{11}{18}$

③ $1\dfrac{2}{7} \div 3 = \dfrac{3}{7}$

④ $2\dfrac{2}{3} \div 10 = \dfrac{4}{15}$

✎ 다음 나눗셈을 완전히 나누어떨어질 때까지 계산하세요.

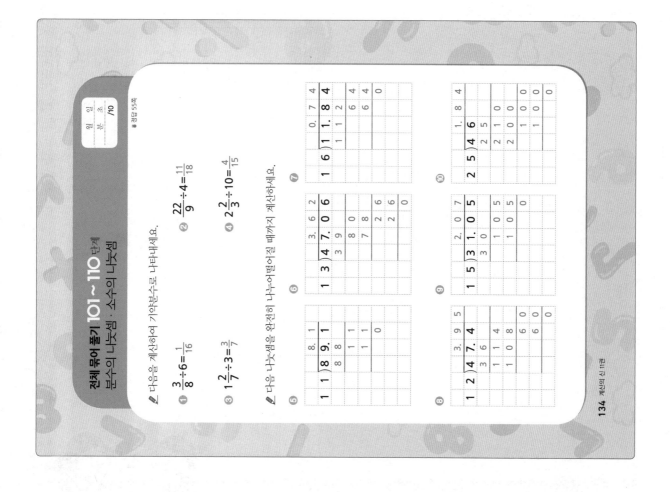

엄마! 우리 반 **1등**은 **계산의 신**이에요.

초등 수학 100점의 비결은 **계산력!**

KAIST 출신 저자의

계산의 신 神

매일 하루 두 쪽씩,
하루에 10분
문제 풀이 학습

독해력을 키우는 **단계별 · 수준별** 맞춤 훈련!!

초등
국어

일등급 독해력

▶ 전 6권 / 각 권 본문 176쪽 · 해설 48쪽 안팎

수업 집중도를
높이는
교과서 연계 지문

생각하는 힘을
기르는
수능 유형 문제

독해의 기초를
다지는
어휘 반복 학습

≫ 초등 국어 독해, 왜 필요할까요?

• 초등학생 때 형성된 독서 습관이 모든 학습 능력의 기초가 됩니다.

• 글 속의 중심 생각과 정보를 자기 것으로 만들어 **문제를 해결하는 능력**은 한 번에
생기는 것이 아니므로, 좋은 글을 읽으며 차근차근 쌓아야 합니다.

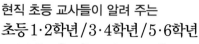

현직 초등 교사들이 알려 주는
초등 1·2학년 / 3·4학년 / 5·6학년
공부법의 모든 것

〈1·2학년〉 이미경 · 윤인아 · 안재형 · 조수원 · 김성옥 지음 | 216쪽 | 13,800원
〈3·4학년〉 성선희 · 문정현 · 성복선 지음 | 240쪽 | 14,800원
〈5·6학년〉 문주호 · 차수진 · 박인섭 지음 | 256쪽 | 14,800원

★ 개정 교육과정을 반영한 현장감 넘치는 설명
★ 초등학생 자녀를 둔 학부모라면 꼭 알아야 할 모든 정보가 한 권에!

KAIST SCIENCE 시리즈
미래를 달리는 로봇

박종원 · 이성혜 지음 | 192쪽 | 13,800원

★ KAIST 과학영재교육연구원 수업을 책으로!
★ 한 권으로 쏙쏙 이해하는 로봇의 수학 · 물리학 · 생물학 · 공학

하루 15분 부모와 함께하는 말하기 놀이
룰루랄라 어린이 스피치

서차연 · 박지현 지음 | 184쪽 | 12,800원

★ 유튜브 〈즐거운 스피치 룰루랄라 TV〉에서 저자 직강 제공

가족과 함께 집에서 하는 실험 28가지
미래 과학자를 위한
즐거운 실험실

잭 챌로너 지음 | 이승택 · 최세희 옮김
164쪽 | 13,800원

★ 런던왕립학회 영 피플 수상
★ 가족을 위한 미국 교사 추천

메이커: 미래 과학자를 위한 프로젝트
즐거운 종이 실험실

캐시 세서리 지음 | 이승택 · 이준성 ·
이재분 옮김 | 148쪽 | 13,800원

★ STEAM 교육 전문가의 엄선 노하우

메이커: 미래 과학자를 위한 프로젝트
즐거운 야외 실험실

잭 챌로너 지음 | 이승택 · 이재분 옮김
160쪽 | 13,800원

★ 메이커 교사회 필독 추천서

메이커: 미래 과학자를 위한 프로젝트
즐거운 과학 실험실

잭 챌로너 지음 | 이승택 · 홍민정 옮김
160쪽 | 14,800원

★ 도구와 기계의 원리를 배우는
  과학 실험

서울시 영등포구 당산로 50길 3 꿈을담는빌딩 6층 | 전화 1544-6533 | 홈페이지 dreamybook.co.kr